張建雄

讀西遊‧論危機管理

商務印書館

讀西遊‧論危機管理

作　　者：張建雄
責任編輯：黎彩玉
封面設計：張　毅
出　　版：商務印書館(香港)有限公司
　　　　　香港筲箕灣耀興道3號東滙廣場8樓
　　　　　http://www.commercialpress.com.hk
發　　行：香港聯合書刊物流有限公司
　　　　　香港新界大埔汀麗路36號中華商務印刷大廈3字樓
印　　刷：美雅印刷製本有限公司
　　　　　九龍官塘榮業街6號海濱工業大廈4樓A
版　　次：2006年7月第1版第1次印刷
　　　　　© 2006 商務印書館(香港)有限公司
　　　　　ISBN 13 - 978 962 07 6363 2
　　　　　ISBN 10 - 962 07 6363 7
　　　　　Printed in Hong Kong

自序

每讀《西遊記》，都不禁為唐朝的興盛和明朝的黑暗而嘆息。貞觀之治出現了李世民和玄奘法師兩位同期的偉大人物，《西遊記》中的唐僧雖然是庸碌無能，但真正的玄奘法師，卻是唐僧和孫悟空的混合體，意志堅定而又能力高強，正是 CEO 最佳借鏡。

《西遊記》中唐僧四師徒雖然是唐朝人物，卻在西征途中，生活在作者吳承恩的明朝。這個朝代最偉大的人物是七下西洋的鄭和，但所有功業卻為後人所埋沒。明朝自開業就像如來佛所形容的南贍部州——貪淫樂禍，多殺多爭，並非樂土。朱元璋是標準惡波士，信用欠佳，建立下運用無限權力的後遺症。

《西遊記》中唐僧四師徒所經過的國度，莫非明朝裡的各位昏君，亟需拯救。西遊團隊是由觀音組織的合資企業（joint venture, JV）師徒四人，性格各異，四個人有兩黨，四人同心，無堅不摧，但磨合不易。孫悟空是不是一個好員工，端看是誰評價；豬八戒和沙僧各有職守，缺一不可。

西征九九八十一劫，是危機管理，孫悟空面對危機的處理方法，正可用來處理世界各種危機。西遊與組織學亦有很大關係，讀西遊而研究和中國同時崛起的印度，正是時候。中國人自唐已熟知名為天竺的印度，今日卻是急起直追，如何 bossing the boss， 亦是讀西遊的一點淺見。廿一世紀再讀西遊，未為晚也，是為序。

導讀

危機管理和團隊組織的體會和教訓

唸完 MBA 不一定會變傻瓜，但唸完 MBA 後停止進修，則肯定變成過時產品。2006 年的上半年，世界各地的 CEO 面對各種危機，但管理技術亦是"書到用時方恨少"，處理不當，非但達不到既定目標，甚至適得其反。例子如法國的青年僱用條件改革，總理最後黯然撤回；面對罷工多時，社會不安，泰國總理他信即使選舉得勝，也不得不宣佈辭職，避避風頭；香港地鐵九鐵合併案，九鐵 CEO 領導兵變，主席請辭，但結果是 CEO 下台；目前還在醞釀的如伊朗核危機、石油前途未卜、禽流感蓄勢待發、意大利總理下台、菲律賓總統危機未解。如何處理危機，將影響減至最低，最少保住不死之身，以圖東山再起，應是 2006 年培訓大計最引人入勝之處。

目前大中華區 CEO 和高階管理人最逼切要加強管理團隊品質的部分，應是（1）風險管理（risk management）、（2）管理人才的選擇（management talent selection）。其中要素是國際觀，和跨文化管理風格（cross cultural management styles），至於這些培訓的投資回報率（return on investment）當然也在考慮之列。但在危機重重的情況下，利率、通脹率上升，石油和商品價格上升的種種潛在危機下，投資金額只是九牛一毛而已。

西方管理建立災難復原計劃和危機應變措施已行之有年，當然可以用來借鏡，但東西方的文化差異甚大，也不是可以全盤照搬。表面上可行，但因心理隔閡，或可適得其反。且不說東西方的差異，即使是大中華區的管理人，看法亦可以有分歧。以飲食為例，香港人愛好奶茶、點心、雲吞麵；上海人偏愛小籠包、毛蟹、臭豆腐；台灣人喜歡檳榔、牛肉麵和鳳梨酥；所以各處管理人對人才的選擇可以有偏差。風險承受度有異，採用方法也可以不同，筆者近年研究中國四大名著，從《西遊記》中體悟出很多危機管理和團隊建立的概念，不妨與讀者分享一下。

《西遊記》中唐三藏、孫悟空、豬八戒、沙僧四師徒，是西天取經的主要成員。西天取經歷經九九八十一劫，表面上是一個正義戰勝邪惡的過程，從管理角度而言，則是一個正確管理戰勝危機的過程。《西遊記》最大的法寶是"心經"，現代術語是"危機管理心法"。心經中金句是："心無罣礙，無罣礙故，無有恐怖，遠離顛倒夢想。"唐三藏的解釋是："心生，種種魔生，心滅，種種魔滅。"目前CEO和高層管理人除了日常經營的難題外，最怕是突然而來的災難（諸如禽流感）和非善意的收購。最恐怖不外如是，顛倒夢想亦不外如是。防止收購的最佳心法是經營優良，回報率高，企業內沒有可以清除的肥肉，如此自然收購不侵，攻擊不來。上文各CEO下台，莫不是"心有罣礙"，有懈可擊，市場用家可以遭蒙蔽一時，最後還是"心水清"的。

唐三藏和孫悟空在西遊團隊中分任董事長和CEO的角色，一個是南贍部州的和尚，一個是東勝神州的散仙，路數不同，看法各異，兩人磨合期甚長。孫悟空一次自行辭職，兩次遭唐三藏炒魷，兩人關係惡劣。最後還是要觀世音這位組織人發出最後通牒："一路上魔障未消，必得他保護才得到靈山見佛取經，再休嗔怪。"唐三藏對一個"嗔"字看不破，只有在觀世音力壓下，孫悟空才有頓安樂茶飯。

孫悟空在降魔過程中，雖然心狠手辣，但又要宅心仁厚，體會到"溫柔天下去得，剛強寸步難行"的意義。楊木因軟所以雕成佛像被膜拜，檀木因硬所以造"榨油"楔子，日日被敲，苦楚難言。所以當CEO也要有溫柔手段，柔性管理，才能順利化解危機。唐三藏主張：遇方便時行方便，得饒人處且饒人，持心怎似存心好，爭氣何如忍氣高。一個"忍"字天下去得，"忍"並非軟弱，只是等待時機。這是唐三藏高明處，亦是孫悟空的弱點。

孫悟空雖然大鬧天宮，自出世以來，不曾吃虧，但遇上古代禽流感大仙：大鵬金翅鵰，卻勝他不得。孫悟空雖然一個觔斗十萬八千里，但大鵬金翅鵰一扇翅就九萬里，兩扇就趕過孫悟空，所以在這戰役，孫悟空是以被擒告終。神通廣大的大鵬金翅鵰也不是無法可制，結果出動如來佛祖，才將大鵬金翅鵰收服。"舉手不留情，留情不舉手"，如來佛祖收伏大鵬也不敢放鬆，要帶回雷音寺控管。禽流感和二十一世紀的衍生工具一般的神通廣大，一旦失控，還要佛祖現身，但現代佛祖何處尋，還是在控管工具上下功夫，使災害產生的影響減至最少。

管理要明快，唐三藏的七十九劫在"銅台府遭禁"就是因為要將財寶還給寇員外，懷財獲罪。"恩將恩報人間少，反把恩慈當作仇，下水救人終有失，三思行事卻無憂"可以參考。唐三藏和孫悟空合作成功達標，唐三藏要相謝，孫悟空卻說，"兩不相謝，彼此皆扶持也"，可見董事長和CEO的角色是彼此扶持。若彼此抗爭，於事無補。此則全球都一樣，沒有文化差異。

至於培訓高級管理人的投資回報率如何，不必太執着。如來佛云："經不可以輕傳，亦不可空取。"兩大弟子負責授經也要收取費用，唐三藏最後以紫金鉢交換，可以說是佔了大便宜。紫金鉢有紀念價值，製作費用卻不高。至於讀西遊，而得到危機管理和團隊組織的啟示，更是無價。

目　錄

三、《西遊記》的背景 *77*

大唐李世民時代

大明號朱元璋及子孫時代

四、西遊 JV 團隊 *107*

唐三藏

孫悟空

第一章

危機管理

1 危機領袖

唐三藏是經理人還是領袖？在《西遊記》中，兩者都是也都不是。

領袖有很多類型，有機會主義型、有面面俱圓型、有謀略至上型、有點石成金型。唐三藏師徒四人，都可以當領袖，豬八戒是機會主義型，有機會就當上領袖，勇往直前，但其心不堅，見到美食美色，就心態浮動，是可以被腐蝕的；沙和尚誰也不得罪，是面面俱圓型，是團隊的穩定力量，但缺乏創意；孫悟空是機會主義和點石成金型的混合體，經常有超額完成業績的表現，但遇事反應比人快數倍，來不及解釋，令其他人無所適從。

唐三藏本身"肉眼凡胎"，人妖不分，但道心最堅，上西天是唯一目標，是不可腐蝕者；另一方面又愛管閒事，要擇"善"固執，但又善惡不分，所以九九八十一劫，經常成為被劫的對象，自己救不了自己，只有讓人救，三個徒弟當保鑣多於學藝，所以屬於哪類型領袖？很難說是精神號召型，勉強說得上謀略——是令三位徒弟"不敢言棄"，炒了魷魚也要回來，這種謀略，憑的是自身的人格和勇氣。

二十一世紀的領袖，也是要面對大風暴，資源無限，但也是肉眼凡胎，追不上事件發展。要派人去平息風暴後遺症，偏偏又派錯人，老孫不用，用了老豬，因為老孫經常頂頸，而老豬是自己人，遇事必順師傅之意，但老豬只是公關人物，而不是落手落腳之人；沙和尚雖聽話，卻又能力不足；只有老孫才知道要上天庭號，還是西天號，或是找南海號救助，力挽狂瀾，才是危急時領袖之才。

2 危機管理

《西遊記》中的孫悟空面對八十一劫（實際又有七十二路魔頭），基本上是時時刻刻要"危機處理"，由八十一劫中，可以看見孫悟空的管理能力的成熟，由"危機處理"進展到"危機管理"（crises management）。

初期的孫悟空，正是入相的"猴急"，火眼金睛，一見到妖魔，就立刻出手，正是二話不說，講都多餘。從未考慮到"肉眼凡胎"的老闆唐僧，正如所有 CEO 一般，並沒有妖魔資訊，亦無危機觀察力，一邊要屬下溝通報告，同時又死不認自己不察。所以孫悟空棍打六賊、三打白骨精，是防患妖魔於未然，而唐僧則大大不以為然。

老闆沒有甚麼手段，只會唸"緊箍咒"，再不然就炒魷，孫悟空就在這兩個情況下，頭痛完後還要執包袱，好不痛哉。自此以後就學乖了，老闆要喜歡被擒、被綁、被煮食，且讓你吃吃苦，到了最後關頭，才大顯身手，救他出生天，才知我老孫的好處。誰要"化危險於未然"，是傻瓜，要"力挽狂瀾於既倒"，才是大英雄。

正如金融業內，好大喜功的老闆們，力求表現，貸款貸到"大魔頭"手上，進行把關的徵信部，一味說有風險，危機處處，但為了業績的 CEO 們，隨時置之不理，錢可以先行，文件可以後簽。在經濟大旺，沐猴而冠的時代，可安然渡過，但往往在高潮過後，客戶失蹤，悔之晚矣。此時本領非凡的老孫才告出頭，軟硬兼施，又可補簽，又可拿到還款，總算救了唐僧一命。但若是早早收回，只落得一句"過慮"，白打一場工。

3 外交手腕

二十年間可以發生很多事。

1985年時，誰能料到歐羅成為世界貨幣，誰料到馬克會告別人間？誰又料到美元兌日圓在一兌八十至一兌一百五十之間游走，成為最是變幻的貨幣？誰又能料到石油每桶可以十美元，也可以是七十美元？誰又能料到日本居然沉淪十五年才稍為恢復元氣？誰又能料到中國在二十一世紀崛起，改變了全球經濟的軌跡？

至於往後二十年，巴西（B）、俄羅斯（R）、印度（I）、中國（C）和南北韓（K）將發生甚麼天翻地覆的變化。這塊磚頭 BRICK 是否金磚，對今日剛進入人生這二階段（二十八歲至五十四歲）的管理人們，正是要發些白日夢，也要培養一些危機管理能力的時候。

金融界的領導層少了格林斯潘這號人物，正如《西遊記》沒有了孫悟空。但世界上又充滿了唐三藏，表面上丰神俊朗、風度翩翩、"小乘"經濟學一流，但看見 micro，看不見 macro，在全球性的知識缺乏，而國際外交手腕不知為何物。

如今世界每日的外幣交易是兩兆美元，是五年前的一倍；而金融衍生工具在 1990 年是一片空白，今日已是每日逾一兆美元，有何風吹草動，都不得了。

孫悟空一天到晚要防患於未然，還要和滿天神佛溝通，得到如來佛祖和觀世音的幫忙，才能把八十一劫通通化解；但孫悟空一旦去職，來的是老豬，就不免令人擔心。

豬八戒是口舌便給（健談型），是開心果，但未能解決問題，任何一劫都會出事，要各國中央銀行齊齊幫忙，只有唸觀世音！

4 航海耐性

古代航海家是冒險精神最足夠的一羣，沒有精良的儀器，靠的是自救信條："忍耐、固執和永不言敗的勇氣。"大海是危機四伏的環境，這無疑是達到成功的依靠。危機的定義是"嚴重威脅性、不確定性和充滿危機感的狀態"。這和今日企業經營並無二樣，所以南韓三星的 CEO 要員工具備有"持續性"的危機感，否則無以自存。微軟蓋茨也自言每日都面對危機，要垮掉，也只需十八個月而已；Dell 的 CEO 也自言要去面對危機和挑戰，需要不停地往前走。

上述的情況，和《西遊記》四師徒行走十萬八千里，沒有大分別。十四年間八十一劫，劫劫有危機，有些是自找的，有些是試探性，更多是攻擊性。最大的危機是"食唐僧肉"；唐僧一旦被害，西征就告玩完，所以作為 CEO 的孫悟空，一定要有危機管理的意識。孫悟空要透過"危機監測"、"危機預警"、"危機決策"和"危機管理"四大要素，達到避免和減少危機所產生的禍害，才有可能把危機化為轉機。

孫悟空在《西遊記》中，亦要逐步學習，首先具備金睛火眼，看透所有妖魔鬼怪。神仙技倆，不管是神是鬼，都可監測到，但孫悟空缺乏航海家的耐性，危機預警並不詳盡。見白骨精便打，在危機決策上並不與唐僧這位老闆，或是豬八戒及沙僧這兩位師弟商量，只求一打了之；不知危機處理要有條理，確保人人安全。孫悟空初期處理危機，只求快而不求穩，得不到唐僧的諒解，徒令自己頭痛，後來才學乖了。

5 危機四伏在本身

企業發生危機，不外乎"內部因素"和"外部因素"兩種。"外部因素"主要作為誘因，內部不穩是一切企業危機的來源。"內部因素"不外乎白領犯罪、勞工糾紛、管理失誤、集體訴訟、管理人被免職、惡意收購和性騷擾等等。

《西遊記》中，符合這種情況也不少，作為董事長的唐三藏，管理能力平庸，遇事不明者，彼彼皆是；孫悟空這CEO，多次被免職，造成西遊 JV 的危機，而作為西遊 JV 的背後股東，諸如天庭號、西天號和南海號，都有約束下屬不善的毛病，諸位神仙的手下童僕、坐騎，紛紛下凡，成為妖魔，阻礙西遊進度，小者不放行，大者要吃唐僧肉。

這些天庭白領，人人有法寶，孫悟空奈何不了，屢戰屢敗，最後要上天庭號或西天號請救兵，但結果往往是僕歸原主，懲罰不得，完全沒有 corporate governancy，可見天庭的內部因素極端惡劣，既無員工上班記錄，亦無考勤制度，手下神仙可以一去經年，在下界作威作福，為禍人間；亦無預警制度，要孫悟空告上天庭；更無獎罰制度，只是輕輕放過。這些例子如奎木狼星變了黃袍怪、玉兔變了天竺假公主、觀音蓮花池內的大金魚、彌勒佛的黃眉童子、太上老君的青牛、文殊普賢的神獸、南極老人的坐騎及太乙天尊的坐騎等等，全部是天庭的內部惡因，令西遊 JV 吃盡苦頭。

唐三藏本身亦成為性騷擾的對象，不論蜘蛛精、白骨精，對唐僧不是色誘，就是要啖其肉——危機四伏的原因就在本身。

6 借潮起不懂下來

危機管理要點有二：一是了解危機的性質，二是處理危機的速度。任何一方面出錯，都可以令事業一敗塗地。莎士比亞的《凱撒大帝》就借題發揮，任何組織都是一個冒險隊 venture，今日的 JV 是也。而 JV 正如在大海上的漲潮中浮行，要借潮而起，才能成功，否則在低潮中，任你如何努力，只會順流而下，甚至覆頂；當然，莎翁沒有想到世上有超級大海嘯，幾許英雄人物，借海嘯而上到頂，但不懂得如何下來。

孫悟空可以一個筋斗離開，但唐三藏肉眼凡胎，只能遭劫。孫悟空每次都在海嘯前救了唐三藏，但唐三藏偏偏不領情，因不知道危機有多大。

目前組織危機中最注目的是：高階管理人死亡、高階管理人被免職、惡意收購、性騷擾、員工罷工、員工集體訴訟、產品缺陷、財政危機、天災橫禍、詐欺行為造成聲譽風險，加上資訊系統出事。

以上種種，大都在西遊 JV 的八十一劫中發生了，孫悟空被炒，唐僧被擒，唐僧肉要被煮，蝎子精、白骨精是外來的性騷擾；唐三藏本身最大考驗，來自西梁女國主的獻人獻國。西梁女國主是美人，西梁國的權力和財富，換了豬八戒，早已脫離團隊，唐三藏也表現得並不堅決，"同攜素手，共坐龍車"、"倚香肩，偎桃腮"、"吃素不戒酒"。可見唐朝當和尚，戒律亦不太嚴。

唐三藏為了在護照上蓋個印，也是花了大工夫，不過此一美僧計，也是孫悟空主導，是危機處理之一。

7 金緊禁三箍

二十一世紀國際企業 CEO 的三大難題，依次是恐怖事件、能源價格和匯率波動，這和上世紀九十年代截然不同。所以說，十年世事幾番新，上世紀 CEO 累積的經驗，到今世紀未必管用。同時，在處理這些問題時又到處有"緊箍咒"，股東們只看經濟效益，EPS 有多少。至於為了準備恐怖事件引起的災難所花的成本，連十五萬美元也嫌多，因為不會發生在自己投資的公司身上。所以若要大搞"災難復原計劃"，如何遷徙員工、如何發薪，都是浪費，CEO 們只好等到出事再算。

《西遊記》中的孫悟空這位 CEO 算是幸福的，出征途上，只靠腳力和馬力，不必考慮能源供應和成本，既然是到處化緣，歷經十四國，也不必外幣兌換，少了許多煩惱，要不然拿着許多日幣，日日貶，不知何時到西天？

所以，孫悟空只要專注第一個問題，何時發生恐怖事件。九九八十一劫，劫劫新鮮，有妖要食唐僧肉，有妖要和唐僧成親，有妖要殺唐僧，手法樣樣有，扮老扮幼，扮美人扮神扮鬼，孫悟空得配備金睛火眼，細看清楚。

孫悟空自從入了唐僧師門，再也不是所向無敵。真悟空

遇上假悟空，自是難分難解；遇上後輩紅孩兒，也是一敗再敗；黑風山遇上黑熊怪，也要觀音出手，才能止住恐怖事件。

《西遊記》中的金箍、緊箍和禁箍，分別賞了給紅孩兒、孫悟空和黑熊怪，可見此三妖仙最難管理，金箍兒更是一分為五，才制得住紅孩兒，可見三昧真火，可以燎天。如來佛早有準備，西遊才成功。

8 謙字開始　恕字為結

雞去犬來，與諸友論福。觀雞年環境，平安是福，能得家中諸人平平安安沒有病痛，已是難得，不要多求。犬年如何？且看清人金纓的小結，何謂福？

"一是有功夫讀書，二是有力量濟人，三是有著述行世，四是有聰明渾厚之兒，五是無是非到耳，六是無疾病纏身，七是無塵俗攖心，八是無兵凶荒歉。"清朝生活沒有現代那般大壓力，沒有躁鬱症，沒有禽流感，只要多積德，諸福自至，一切決於天。今人事忙，真的是讀書都沒有時間，兼且讀到好書不易，舊書重讀也是一法。

當然金纓的八種福，不是人人都能做到，只要達到一兩種，也是有福之人。兵凶戰危，亂邦不入，孔子教落；無是非到耳，無俗誘煩心，那是自己的選擇。在以反為正的年代，每一個世紀都有，清朝的說法是："以奢為有福，以殺為有祿，以淫為有緣，以詐為有謀，以貪為有為，以吝為有守，以爭為有氣，以嗔為有威，以賭為有技，以訟為有才。"數百年後，積非成是的情況太多，所以有萬元一位的菜單，是為吃得有福，至於吃後的身體狀況，在所不顧。其他餘此類推。

犬年最好的福氣應是保持全家人人心安身泰，無病無痛，平平安安就好。如何保持心靈平靜，不受環境污染，在犬年甚難，讀讀《易經》也是辦法之一，"謙卦六爻皆吉，恕字終身可行"。犬年行事，若從謙字開始，以恕字為結，和諧社會才有希望，能力愈高的人愈要注意，才有《易經》中"無不利"的境界。《西遊記》中的孫悟空就是因為欠了謙功，使危機延長。

9 謙卦爻爻皆吉

2005 年談剝卦，艮上坤下，上陽一爻，下五陰爻，層層上剝，還好不是剝光豬，君子最後得輿。2006 年希望事事行謙卦，因為謙卦爻爻皆吉，其實謙卦和剝卦，剛剛相反，坤上艮下，坤為地，艮為山，地山則謙，山地則剝，所以還是當謙謙君子的好。

中國人讀謙卦只讀了一半，只知"滿招損，謙受益"，謙虛亦是為了得益得利，但只知一味謙一味讓，變了毫不進取，大失《易經》之旨，是書讀得不好之故也。

艮卦象徵山，坤卦象徵地，山是幽深，地則承載，山藏於地，是自謙之象。但也是有高山，有才有能有德而能有謙，那才是虛心，否則只是心虛。

謙卦六爻，第一爻見謙謙，指內謙和外謙，內謙如山之幽深，有真才實料；外謙如地的承載，能忍辱，也能擔當，內外兼備，才是真謙。

第二爻是鳴謙，是公開的謙，是有透明度的謙，是發自內心；否則只是手段，是謀略，是"有無搞錯"的謙。

第三爻是勞謙，是勤勞，是有功勞的謙；沒有"資本金"的謙是謙不起來的，要有錢才能捐，否則是虛。

第四爻是撝謙，撝者揮也，謙也要發揮的，而不是當擺設的，要發揮經濟效益、社會效益和環境效益，否則無用。

第五爻是"利用侵伐"的維謙，謙也可以是侵和征的，是須要維護的，是有原則性的，有謙而堅持原則才能令人折服。

第六爻還是鳴謙，既然有料，就有權力追求同等待遇，公平競爭，不必因謙而放棄利益，謙虛而不廢欲念是謙卦的結論，所以假謙虛只是自誤。

10 保健存身無他法

上世紀七、八十年代在台灣做生意，不能豪飲猛食，無法成功，所以 CEO 們莫不帶病延年。來台做生意的日本商人，亦無不帶肝病回國，但因此而過勞死者，並不多見。到了九十年代，人人知養生；加上科技行業突起，不再以共醉為交情，所以今日台灣CEO沒有幾個"心廣體胖"之人。管理之神王永慶更標榜"瘦鵝理論"，老當益壯，這個過程歷經二、三十年之久。

目前這種"喝酒多，應酬多"的現象已轉移到神州大陸，馳名的溫州幫就是好例子。2004年的醫療體檢，三十七名CEO居然無人能符合WHO的健康標準。近日在胡潤富豪榜四百名內有排名的一位富豪，以三十七歲的年紀，英年早逝。平日症狀亦不外糖尿病、高血壓和頭暈而已，都是可以吃藥控制的病，結果是以急性腦血栓去世；何以如此？可要請《信報》專欄作者顧小培多寫因由。

今時今日當CEO，要找時間運動，而且是有氧運動，但據胡潤報告，富豪們的休閒方式，以旅遊、游泳和高爾夫為前三名，品酒和相妻教子亦列入其中。能夠每日游泳一小時者當然好，但一年打高爾夫五次，不能算是甚麼運動，只能是社交，運動量不足以"補身"。

台灣和大陸在飲酒的分別，台灣是灌黃酒和啤酒，在大陸則是灌烈酒如茅台五糧液，酒精成分不可同日而語。台灣CEO的聰明處是早已授權下屬代為征戰，不必自己消耗健康；大陸卻在親自衝刺的階段，但企圖心太大而未有身邊人代打，非智者所為也。

11 領導要有危機感

《西遊記》中的領袖都極有領導危機感，凡神通廣大者都遠調他方，不當親信。其中最突出當然是天庭號的玉皇大帝和西天號的如來佛祖，孫悟空大鬧天宮，要奪玉帝之位，於是玉皇大帝派出李天王父子、四大天王、二十八宿、九曜星宿、十二元辰、五方揭諦、四值功曹、東西神斗、南北二神、五嶽四瀆、普天星相，共十萬天兵，可謂精銳盡出，連觀音首徒惠岸亦借調，惜全都失敗而回。

天庭號無高手，觀音推薦派在下界、享受人間煙火的玉帝外甥顯聖真君二郎神，和梅山六兄弟，才和孫悟空勢均力敵，但也只能圍困，未能擒拿。最後太上老君出暗器"金剛琢"，才一舉擒住孫悟空。二郎神和天庭玉帝關係一般，只是"聽調不聽宣"，有工作可派調，平日親家兩免，所謂成功後"高升重賞"，結果還不是有賞無升，官歸原職。孫悟空再度反出，玉帝這次不敢再調二郎神，只能請如來佛，亦只因誠信已失，如何再調人？

玉帝不敢讓外甥駐天庭保護，是領導危機感的表現。神通廣大可以取而代之，一定要調得愈遠愈好，萬不得已，不敢要高手出任要害崗位。

如來佛又如何？佛門三大高手，觀世音住在南海落伽山紫竹林、文殊菩薩住在東土五台山、普賢菩薩亦住在東土峨嵋山，沒有一個能住在西天。三大高手有何功力？單看觀世音的一條金魚、文殊菩薩的坐騎青毛獅子，已令孫悟空吃不消，如來佛亦只能相信十大弟子中的阿難和伽葉，任其勒財作弊，還要護短。

12 十大危機

孫悟空執行危機管理，首先要將眼前風險分類和了解，才能有對策。正如今人面對 2006 年的短期和長期風險與危機一樣。今天大家要顧慮的問題，已成老生常談，有些是小兒都曉，有些是太過複雜懶理，有些是發生在"想像之中"，但時機卻是"意料之外"。

2006 年談得最起勁的數大危機，當然以——油價何去何從？——為首，是回落到四十美元，還是上升到一百美元大關，只是一個機率的問題。無論如何走法，都是有人快活有人愁。《西遊記》時一切靠雙腿，唐僧有白馬代步，沒有能源問題，多快活。

二是恐怖活動，究竟是遍地開花，還是維持局面，人人自求多福，少見漫畫，多見些書，開卷有益。《西遊記》中恐怖事件，層出不窮，唐三藏由"出胎幾殺"、"出城逢虎"、"夜被火燒"、"平頂山遇魔"、"號山遇紅孩兒"、"佘山兜山遇怪"，邪魔外道到天仙下凡，都是吃一啖唐僧肉。唐三藏懷肉其罪，所以多次被綁、被淹、被準備下鍋，僥倖得不死，是孫悟空救人有功。但孫悟空何以次次都護師不力，令大家失散呢？主因是劫數在身，不失散，何來見功勞？

東方管理學的弊病是"有理論、無辦法"，要危機不發生，似是難事，但事後補鑊，有時是"破鏡難重圓"。孫悟空開始處理恐怖分子是一味靠打靠殺，但偏偏唐三藏是有好生之德的和尚，一心向善，亦以為人妖俱善，不肯放棄主見。所以唐僧孫悟空的磨合期特別長，一直到第四十六劫，二次被貶，才由觀音做和事老，師徒才言歸於好，管理真難。

13 消除魔障靠悟空

今日唐三藏在危機中要得到拯救，一定要找自己的孫悟空，但唐三藏是自以為"一心向佛"就萬事皆通的董事長，並不以為孫悟空有何大用。孫悟空二次被炒魷，早就想放棄，不成佛，就成地仙也無不可，只要如來佛來個"鬆箍咒"，就此離隊。

但西遊 JV 的 stakeholders 利益關係者眾多，那能如此容易結業，如來佛說："我叫觀音送你去，不怕他不收。"這是最高指示，觀音既是 JV 組織人，當然要對唐三藏加以警告："一路魔障未消，必得他保護你，才得到靈山見佛取經。""再休嗔怪。"最後這四個字，力量萬鈞，唐三藏只能叩頭道："謹遵教旨。"從此不敢再言炒魷二字。緊箍咒也就不敢常用，二人關係真正開始磨合。唐三藏亦開始領悟自己常"寵慣"的豬八戒，也是不太可信的，有事起來，也是舉杖照打，那是後話。

2006年的第三和第四大危機是環境變化和世界健康問題。2004－2005年間的大海嘯、大颱風、大乾旱、沙士、禽流感，還有大地震。又如三藩市和東京，如果發生都是大災難，金融市場亦全波濤洶湧。

孫悟空有何作為？且看《西遊記》中的"路阻火焰山"。要去借扇，千辛萬苦；子母河飲水中毒，要去求解藥；鳳仙郡三年旱災，要去求雨，上到天庭找玉帝；稀柿衕一役，要豬八戒掃除八百里的穢物，是衛生安全第一要，功德無界。孫悟空還做了無國界醫生，在朱紫國為國王醫病，身病和心病都一齊除去，要知病根才能去病，醫國亦如此。

14 地緣糾紛倚國威

2006年的全球十大風險中，居然包括"中國的興起"。對炎黃子孫這是好事而非風險，只要將來不踏入筆者《日本經濟四大教訓》所描寫的場面就好了。

《西遊記》時代，剛好是大唐號興起的好日子，李世民和他的班底，早已平復了大隋號所遺留下來的問題，同時已進入"貞觀之治"的太平盛世。早期的唐太宗是明君，地緣政治（亦是十大風險之一）亦處理得當，四夷臣服，被西域各國尊為"天可汗"，威名遠振。這種國威，令到出外留學的唐三藏方便不少。

《西遊記》中，唐僧師徒所歷經的十國三州府，一般都是過關不難，只是這些國度，國君昏庸者多，朝中又有妖魔為患而已。十國分別是寶象國、烏雞國、車遲國、西梁女國、祭賽國、朱紫國、獅駝國、比丘國、滅法國和天竺國的鳳仙郡、玉華州和金平府。《西遊記》的通關文牒都有印信，當然這些國度都是子虛烏有，只是給孫悟空大顯身手而已。

唐玄奘真的訪問過的戒日王，就曾問唐僧，大唐有《秦王破陣樂》的歌舞之曲，問秦王是誰，有何功德？在當時外國，大唐號被稱為"支那國"，唐玄奘解釋秦王也即今之天子，未登皇極時稱秦王，"應天策之命，奮威振族，肅清海縣，重安宇宙，六合懷恩，乃有此詠。"戒日王不得不嘆為："天所以遺為物主也"。

李世民威振西域，西遊團隊亦沾了光，但西域諸國亦因爭聖僧而發生地緣糾紛，戒日王和鳩摩國王亦為了請唐僧作永久居民而差點兵戎相見，唐僧唯有以返國作為解脫。

15 衍生工具的威力

2006年另一危機是關於對沖基金（五千億美元）和衍生工具的安危。在沒有格老的日子，若有大型基金或大金額衍生工具出事，誰會是定海神針？衍生工具不是新事物，只是金額愈來愈大，筆者在《廿年目睹金融怪現象》一書中曾有大篇幅談及這問題。當時曾説衍生工具有如一支槍，殺傷力有多大看誰在使用。如今想來，衍生工具更像暗器，沒有太大透明度，中招很易，只看承受殺傷能力有多高。上世紀八九十年代，最大的衍生工具都與貨幣、商品價格、股市指數有關，當時最大的損失亦不外乎十五億美元（如霸菱兄弟）、二十六億美元（如住友銅業）。霸菱不幸壽終，而日本企業卻因財雄而安然渡過。二十一世紀若出事有多大，以目前能源、商品價格的上落，不會比上世紀小，且看當代的孫悟空如何解決。

《西遊記》中的孫悟空雖然神通廣大，但面對各路下凡的神魔，相打可以不分勝負，但一遇到此輩的"法寶"，即如當年遇到衍生工具，大為頭痛。諸如太上老君的金剛琢、彌勒佛的後天袋、觀世音的金鈴、普賢菩薩的陰陽二氣瓶、鐵扇公主的芭蕉扇，至於如來佛的緊箍圈更不用説了，一戴上頭，緊箍咒一唸，就頭痛欲絕。孫悟空屢求鬆箍咒而不獲，一直要等到功德圓滿，合約到期才自動消失。

以上提及的法寶都是本尊們練成的，亦要本尊親自出馬，才能解決。所以老孫每次都要不恥下問，了解這些工具本尊是誰，再親自請他們出馬，問題才解決。若是有朝一日，這些工具法力已高，不聽話又如何？

16 全球化後遺症

2006 年十大危機的另一危機，是全球化的後遺症——二十一世紀的全球化跨國企業的營收成長武器，也是將夕陽產品出口的良機。問題是在全球一百多個地區營業，是不是每一地區都能派出最佳 CEO，加上本地化時是不是找到最佳盲公竹。

大清號入關，多爾袞沒有洪承疇、吳三桂這些一流盲公竹，業績不會如此之順遂，但在總部的董事長是否對全球分號 CEO 都瞭如指掌，適人適用呢，那也未必；連名字都記不起的居多，很多時只有一個印象，甚至是模糊的印象。

曾有 CEO 任命一個出了大"壞賬"的人去當一個重要海外職位，原因是記得人名記不得事件，此橋段不是小說。《西遊記》中，大唐號亦在李世民旗下進行全球化，西域和天竺都是其中一部分，而派出去的西遊 JV 是最強隊伍，有唐三藏之厚重可信，亦有孫悟空的神通廣大，所以到了西域各國，都可以解憂除難，甚至可以在朱紫國進行醫療外交活動。

西遊成敗亦要派對人，若是來的是豬八戒當 CEO，花天酒地；或是沙和尚當 CEO，謹小慎微，按章辦理，兩人的應變功力都欠佳，遇上顧客不滿，亦只能學末代皇帝唸"罪己詔"，卻又不能感人。

全球化當然亦會遇上保護主義和貧富懸殊的後遺症。事實上，貧富差距愈來愈大，不單是新興國家的問題，連日本四小龍也不能免。

西遊團隊歷盡滅佛殺僧的保護主義，盜殺橫行亦因貧而起，孫悟空亦要一一解決。西遊危機重重，在小國更是如此。

17 全球化其能久乎

全球化下，美國霸業如天氣一樣，已是生活的一部分，避也避不過。有研究指出，美國的經濟力量和軍事力量已經雄霸二十世紀，看來要雄霸二十一世紀也不難，不過很多人看不到了。美國雙赤說是世界危機之一已說了很多年，已說到麻木了。美元貶值論在利率看漲逾百分之五點五之後，亦後繼乏力。

美國經濟看似大好，但要加息；日本經濟看來更大好，但卻不能加息，因為承受不起乎？不要看 2005 年是美國經濟不俗的年頭，但美國十大破產案中以第五大的 Refco、第八大的 Calpine 和第十大的 Delta Air 都是在 2005 年申請破產的，有誰會以看 World.com 和 Enron 來看這三大案呢？對不起，過眼雲煙而已，經濟愈好，金主愈能吸收破產損失，信乎！

《西遊記》的背景是大唐號最強盛的年代，由貞觀六年到天寶十五年的一百三十年間，是大唐霸業最盛的年代，由唐玄宗最鼎盛的天寶六年到沒落也不過是十五年間而已。

西遊師徒出征西域天竺，亦是大唐號全球的一部分，唐僧雖然是"眜於知人，昏庸無能"的領導，但孫悟空這CEO卻有醫國能力。救了烏雞國王，醫好朱紫國王，滅了比丘國的妖道，剃了滅法國君臣的頭，使之由滅法到欽法，扶植玉華州的太子，無一不是使這些開發中國家由亂變治，減少貧富懸殊，不致破產。

西遊師徒最厲害是過無貨幣生活，一切生活由化緣開始，不要金不要銀這些負擔物，所以不必為貨幣升值貶值而擔心，這是大唐全球化另一現象。

18 上必無為而用天下

森瑪斯以一流出身、一流資歷，而卒為教職羣所棄，未能保住哈佛校長的職位，惜哉！未諳無為之道也。

《西遊記》中，玉帝庸庸而能永享無極大道，是深諳"無為"的治術也。莊子名言："上必無為而用天下，下必有為為天下用，此不易之道也。"上之道是不言"聰明智能"，聰明智能是下屬的職份，而使用聰明智能的人，也是上之道，自己不做事，但知道甚麼是拙，甚麼是巧；自己不必計算思慮，但知道何謂福，何謂咎，就足夠了。

玉帝不用孫悟空，因為當時孫悟空尚未修煉成熟，不受控管，但在孫悟空這種初生之犢的心目中，玉帝正是"不尊賢"的昏君，而眾仙亦是碌碌之輩。其實孫悟空是研究不足，天庭號內，甚麼臣都有，忠臣、能臣、謀臣、弄臣、寵臣，都有不少。孫悟空大鬧天宮，還要向玉帝奪位，即使成功，可以坐天庭多久，亦成疑問。

孫悟空，無疑才氣出眾，不拘於傳統，但心高氣傲，出言不遜，一被人彈，立即暴躁亂跳腳，若沒有了緊箍兒在頭上，有點顧忌，甚麼事都幹得出。能力太高而不能藏的領導，都趨向一元化領導，只能容納一個中心的存在。可是天庭號不是商業化機構，管的是國家興亡，而且是億年老店（哈佛亦三百多年了），羣仙們各自修煉，各有法寶，孫悟空是出身旁門左道的妖仙，要羣仙認可接納，難矣哉。還要心悅誠服，凡事一元化，更無可能！只有無為而治，才有希望。

要做拯救之士，從事大改革，只能由下而上，只批不議，才能永享無極。

19 長生不老退休難

《西遊記》中羣仙眾佛都是長生不老一輩，但看來仍有經濟問題。如來佛祖的危機感也頗重，且看唐僧師徒取經，佛祖二大弟子"索禮"，唐僧師徒告狀無效，佛祖妙論說當年眾聖僧下山為趙宅誦經一遍，取得"三斗三升米粒黃金"。佛祖也說"賣賤"了，"數後代兒孫沒錢使用"，豈不怪哉。

2006年亦有妙論，說人要活到百歲，所以要八十五歲才

退休。豈不有西天諸佛之憂？讀過一個報告，在 1967 年預測 2000 年時，美國人每年有休假十三週，每週工作四日，聞者大樂，當然 2000 年已過去多年，預言的希望當然成空。

其實，在 1995 年就有奧地利學者研究過由 1856 年至 1981 年的一百二十五年間英國人的工時。1856 年時人生不過六十，但男性要一生工作十五萬小時，當時十歲就工作，一生工作五十年，做到死為止，所以退休金可不要，只要棺材本，和炎黃子孫無分別；到 1981 年，男性工時只是八萬八千時，足足少了六萬二千小時。該研究還預測，到了 2050 年，男性工時會減至七萬小時，主因是影響工時規例的法律力量、工會、立法者和民意都不可忽視。這不是學究們研究就成，一百多年來工時的長期趨勢是減的。

由多減少易，由少加多難，這是改革之難。在 1856 年，不論美國、日本和法國的起點都在每年二千九百五十小時左右，但百多年後，法國每年工時在一千五百以下，日本仍在二千小時左右，美國則在中間，這次八十五歲退休論，怕亦是多年後閑話。

20 事件風險多籮籮

2006 年是不是一個 DVD 年，在年初就應該早早下決定，才知道如何應變。DVD 者，即 Dangerous（危險）、Volatile（起伏）和Downward（下降）也。當然，DVD並不是一個負面辭，只是機會而已，有危必有機，市場交易員最怕是一池死水，最好是天下大亂，才有搵銀的機會。

善待危機·處理危機，是孫悟空取得成功、成為戰鬥勝佛的方法，沒有九九八十一劫，何來戰勝的英雄？2006年是金融界定海神針格老退休的年度，不管繼任人如何能幹，蕭規曹隨，亦無可能跟到十足，所以"變卦"是必然，問題是八八六十四卦，上演的是哪一卦，進入是哪一爻，那要《易經》大師們好好算一算，以解迷津。

2005年的美國（3B所在地之一），經濟增長是百分之四點三，股市增長亦約為百分之四點三。增長並不亮麗的法國和德國卻有超過百分之二十，日本更在百分之四十以上，所以經濟增長和股市大發並無特定的關係。細看美國去年十大最高升和最下降的股份，全部是名不經傳、一般人並不熟悉的企業；而十大最多投資人的股份，亦是四升六跌。所以最熟悉和最不熟悉的股票，都可以帶來意外。

日本在2006年1月就出現了Livedoor的事件，似乎為2006年事件風險（event risk）起了一個頭，證明市場信心不足，over react是今年基本反應。相信事件發生前，注意這些風險的普通人不會多，日後如何，先籌一計，依計行事，臨急抱佛腳，已太遲。

21 修煉福祿比增壽難

2006 年的僱員和 1856 年的僱員相比，幸福得多，一生工作時間少了六萬二千小時，但工作年數並未短得多少，只是二千小時而已。以日本人為標準，只是短了一年，另外休假多了一萬小時，每週工作時間，短了五萬小時，亦即是說由每週工作六十三小時減至四十二小時，若以法國人立法每週工作三十五小時計算，則減少得更多。當然這是平均數。

作為一個普通人可以有此環境，作為一個二十一世紀的 CEO 或高層階管理人，就無此幸福了，七十一是小兒科，七二四才是正常。勞力者對體力消耗有一定限度，每日體力消耗九小時，全年無休，是很多今日小東主的看舖時間，旺季每日工作十三小時亦閑事。而 CEO 不分日夜 on call，即使作為中國區主管，忽然有 VIP 來訪，所有週末計劃亦告吹。

工作家庭平衡只是和婚姻 JV 夥伴紙上談兵而已，英國人等待了一百二十五年，工作年數才減少一年，好處是假期多了，每週工作減短了。若說美國人要領導潮流，四十五年後的美國人要工作多二十年，這可能嗎？真是希望有如《西遊記》中的神仙生活，天庭三日，世上三年。快些看看四十五日有甚麼事會發生，因為從此生兒育女，是無限責任。人生壓力如斯大，壓力所引起的各種身體和精神痛楚，正如《西遊記》的神仙，要不斷修煉，才可以活得不辛苦。

人生若"壽"百年，還得要修好"福"和"祿"。這條人生方程式，忽然在壽算加了二十年，其他不加，豈不慘哉。

22 生命價高當唐僧

生命本無價，但研究員卻弄出一個統計生命價值（value of statistical life 或 VSL）。這個概念，一般是用來計算勞動人員在工作各階段的價值。計算元素不外乎工資、年齡、人種等等。

計算結果，工人最值錢的黃金時間在二十八至四十三歲之間，金額高達六百萬至六百五十萬美元。但到了五十四歲開外，立即減半，但仍有三百萬美元，但 VSL 儘管高，卻很少見有企業會為一般員工購買如此大金額的保險。總之這是美國學者弄出來的結果，所以在美國駕車如果撞死人，買多多保險都不夠賠，看命數。

歐洲人亦有為駕駛員和行人計算 VSL，平均金額二百二十萬歐羅，正負三十萬歐羅。所以歐盟人士的生命統計價值大約在一百九十萬至二百五十萬歐羅之間，比美國工人們的 VSL，足足少了一半。歐盟尚如此，其他新興國度就不用說了。

筆者的人生三部曲論，第二階段的二十八至五十四歲，亦是人生生產力最旺盛的階段，但也要善於保養。統計數字

告訴我們，VSL 亦只以前半段，亦即二十八至四十三歲為最佳，精神和體力也在最佳狀態。

四十歲後即進入中年危機期，不善於處理"職業、家庭和生活"之間的平衡，就開始有 burnout 現象。企業高層亦會注意這羣中年經理人的狀態，踏入中年，才以為自己是唐僧，VSL 最高，以為吃了唐僧肉可以長生不老。唐僧照例看不見白骨精和西梁女國主的分別，要孫悟空當頭棒喝才醒悟。

23 確定評定搞定

風險管理的三部曲，基本上是一確定、二評定，和三搞定；如果三者都做不好，風險（risk）就變成危機（crisis）。

雖然流行語說有危必有機，但大都是一廂情願，因為管理不善，"危"的確定性高（certainty），而"機"的可能性低（possibility）。轉危為機要付出高成本和要有好運氣，而高成本要在資源和資訊都充足情況下，才能應付自如，否則亦是"空轉"，沒有成果。

《西遊記》中，如來佛資訊充足，有四大部洲的國家風險報告（country risk report）。東勝神洲，敬天禮地，心爽氣平，安全度高；北俱蘆洲，雖好殺生，只因餬口，性拙情疏，為了搵食，問題不大，安全度一般；西牛賀洲，是如來本區，不貪不殺，養氣潛靈，人人長命，亦是安全地帶；大唐號所在的南贍部洲，貪淫樂禍，多殺多爭，乃口舌凶場，是非惡海，是不安全地帶，因此注意力在南贍部洲。

但如來佛忘了五百年前東勝神洲傲來國花果山出了妖猴，大鬧天宮，連玉皇大帝也要趕出天宮，是當年危機管理不善的例證。孫悟空出生時就是"目運金光，射沖斗府"，但天宮毫不介意，因為風險不確定。然孫猴子繼而成精，降龍伏虎，自削死籍，期間大鬧龍宮，又大鬧閻王府，到此才確定風險。

在剿撫的策略上，先剿後撫，但在評定風險的殺傷性時，又低估了老孫的要求和殺傷力，兩次安撫，都為了慳錢慳力。弼馬溫和桃園園長都是小官，捨不得大官職，因此搞出大鬧天宮一幕，沒有如來神掌，天宮不寧。

24 風險管理資訊系統

《西遊記》九九八十一劫，劫劫都是危機，風險管治正好派上用場。

企業管理的風險管治工具很多，無非為減免損失。第一個工具是風險管理資訊系統（Risk Management Information System），在《西遊記》時代，孫悟空依賴的是天庭號的地下人員，山神和土地，提供本地資訊：當地有何妖怪，只有本區土地最清楚。正如銀行向中小企放款和向個人貸款，要靠老於經驗的分行職員，打探本地消息，誰最疊水，誰人近況欠佳，這些是總部無所知的。

但《西遊記》中妖魔亦神通廣大，如平頂山蓮花洞的金角銀角大王，居然可以唸咒驅使土地山神輪流當值，充當奴僕。如此資訊系統當然是全無用處，兼且可以損失巨大。天庭號另有風險預警系統，由各路神仙前來警告，特別是前途危機大者，諸如平頂山金角銀角大王，由日值功曹前來預警，要孫悟空不可托大。另一大難關是獅駝洞三魔，甚至要由太白金星自己出馬，通知孫悟空前途有險阻。

但這兩個預警並未提供足夠資訊，亦未評估孫悟空的降妖能力。金角銀角大王手中有太上老君的五大寶貝，都不是孫悟空可以破的，只能從盜寶入手，所以孫悟空除妖過程，十分狼狽。資訊有了，解決方法卻欠奉，一向是東方儒家管治法的大弱點：只能抗暴，不能防暴；只能以暴易暴，不能化暴為賢。

諸如獅駝三魔，早已作惡五百年，孫悟空還未壓在五指山下，已經成名，法力高強，最後要如來佛這第一高手出馬才能抗衡，資訊佳亦要有方法。

25 災難復原計劃完美

《西遊記》中的風險管理若是由唐三藏主持，採取的策略大概是逃避風險（risk avoidance）。

但若是全部八十一劫都躲過，那就無驚無險亦無功勞可言，真經也就取不到，西遊目標亦達不到。所以西遊風險管理是由孫悟空主持。孫悟空膽大包天，是今日西方管理人中的risk taker。風險胃口特大，亦次次應劫。補救之道只有二途，一是預防損失和減免損失，二是成立災難復原計劃，使西遊團隊，可以繼續上路。

　　西遊中最好的例子，是西遊團隊到萬壽山五莊觀鎮元大仙的府上，孫悟空為了偷食人參果，將小事化大事，連人參果樹都毀壞。結果被鎮元大仙擒拿，不賠償無法上路，孫悟空只能採用災難復原計劃，要在三日內救回人參果樹。首先找到福祿壽三星去穩住鎮元大仙，寬限時日，結果找到觀世音，以淨瓶甘露，救活人參果樹。

　　災難非但復原，鎮元子還請每人食一個人參果，足抵四萬七千年壽命，所以西遊行程到了第十八劫，唐三藏因劫得壽。由於孫悟空的災難復原，已經長生四萬七千年，雖非不死之身，已得長壽之命，日後雖然劫難不絕，但已是如無意外，真身不死。

　　當然整個西遊JV是觀世音主持大局，為了預防損失，觀音派了"六丁六甲，五方揭諦，四值功曹，一十八位護教伽藍"輪流值日。這個安全護衛系統，確保唐僧遭劫而不死，傷害減到最低，但要拯救唐僧，卻是孫悟空三個徒弟的責任，觀世音風險控管已做到齊全。

26 長壽秘訣

"風水佬呃你十年八年"是古老傳言，如今的醫療研究卻是要等二十五年才知。最後的報告是要到2030年，人類才有機會每年增壽一歲，到2050年出生的人才有百年壽命。

但醫療服務和藥物只照顧富裕的地區，百歲不是一般人可以享受，還要看DNA。長壽秘訣，《西遊記》也有展示，西遊途中可以令人長壽的是人參果，吃一顆增壽四萬七千年，但要等一萬年才得三十個，誰有福分可以吃得到？而且人間只得此一棵樹，剛巧發生在大唐朝，是大唐人才有此福分。

人參果可以令人不死，卻保不住人參果樹不被孫悟空毀了，到了要補鑊時，孫悟空第一個要找的是誰？東海福祿壽三星也，但三星也要羨慕人參果樹主人鎮元子，連看樹童子清風明月也有千多歲，但福祿壽三星要"與天齊壽"，秘訣是"養精、煉氣、存神、調和龍虎、抽坎填離"。

究竟如何做法，不知。只知"不知費多少工夫"，福祿壽三星只煉就"黍米之丹"，但只能救"飛禽走獸，螺蟲鱗長"，救不了"仙木之根"。再去找東華帝君，亦只得可治世間生靈的"九轉太乙還丹"，仍不能醫樹。到了長壽的瀛洲九老，亦只知吃碧藕水桃酒、交梨火棗等物，不知如何醫樹。

現代人不是神仙，沒有清淨養生的仙果，連吃海鮮也怕。最近有賣魚店網上廣告，要用醫師為名，保證"不含重金屬，不含抗生素，不含保鮮劑，不含增色劑"。如今連一氧化碳都可以在食物內，可見為人不易！今時今日要成仙，比《西遊記》時代要難得太多。

27 幸福經濟學

幸福經濟學上的七大不幸福因素依次為：一、失業；二、離婚；三、低收入；四、失友；五、交通欠佳，行不得；六、周邊罪案多；最後才到七、健康。

這七大元素既有個人問題，也有環境因素，如何解決，不在IQ，而在EQ。箇中問題全都是風險管理的命題，EQ專家們各有理論。

其中老生常談，知易行難的有：一、保持健康心態；二、常懷感恩心態；三、能洞燭先機的心態；四、捷足先登的心態；五、勵己勵人的心態；而比較新鮮的是有：六、不惹人厭的心態；七、常伴有福之人的心態。

過去十年，北亞地區如日韓台，都經歷過收入不振、失業大軍增加、離婚率狂升（由單位數字到百分之三十至五十）、交通擠塞、罪案率上升等等問題。健康保護網亦只照顧高收入人羣，可以說幸福環境欠佳，需要修煉幸福EQ，以免陷入躁鬱症。

哪處可取經？可自《西遊記》。唐僧單身上路，未收徒弟之前，健康心態是：“心生，種種魔生；心滅，種種魔滅。”如此這般，才能“入榻安寐”，沒有失眠的問題。唐僧雖然是“喊包”，每次遇危機，無不做大喊十，但如此正是發洩之道。

唐僧每次得救，都是“謝之不盡”，雖然多謝救命菩薩時多，多謝徒弟時少，但感恩之心是有的。孫悟空是最能“洞燭先機”的一位，雖然“捷足先登”常有毛躁的時候，而鼓勵唐僧老豬不能放棄，更是孫悟空的強項。

西遊沒多久，唐僧已嘆：“幾時能夠此身閑。”孫悟空立刻笑曰：“功成之後，萬緣都罷，諸法皆空。”自然得閑。唐僧只得“樂以忘憂”，續上征途，幸福。

28 成熟的關係

西遊的求經之旅長達十四年，途經十萬八千里，要維持長期工作滿意度，難之又難。加上董事長唐僧是個婆婆媽媽式的領導，還好西遊 JV 是雙首長制，很多事由孫悟空作主，唐僧和孫悟空要頗長時間才能發展出“成熟的關係”。

唐僧主張“掃地恐傷螻蟻命，愛惜飛蛾紗罩燈”，孫悟空卻主張“我若不打死他，他卻要打死你”。各有各的論點，一個要“救生”，一個要“傷生”，要發展出友誼，難矣哉，真是觀世音也解決不了。孫悟空一次辭職，兩次被炒，在西遊中一共失業三次。失業又是不幸福要素之首位，可見孫悟空這份西遊 CEO 工作並不太幸福。

唐僧對誰也狠不了心，但偏偏對孫悟空"口"下不留情：一有事不管大小，先唸"頭痛經"再說。唐僧式"對外怕死、對內狠"的角色，卻又是千年不變，DNA 真厲害。唐僧又特別相信豬八戒的讒言冷語，一經煽風點火，就要炒孫悟空魷魚，甚至寫下貶書："如再與你相見，我就墮了阿鼻地獄。"這是白紙黑字，不是順口言。居然日後又不算數，到了孫悟空回師救命，亦只是再次"謝之不盡"。

唐僧的"謝之不盡"，在西遊中亦"用之不盡"，算不了甚麼。加上一句"虧了你也，賢徒"，忽然又變回徒弟，日後"奏唐王，功勞第一"。孫悟空只求不唸緊箍頭痛咒就好。所以說孫悟空在西遊中，只得沙僧一個朋友，唐僧一個上司，豬八戒一個對手。

如何渡日？不能 forgive，不能 forget，只能向旁行一步，put aside，到功成之後，萬緣都罷，沒有所謂，也不過十四年。

29 中止終止貶書

中文字的運用，存亡一心。危機對箇中人士，只是危多機少，必須付出救亡成本者多，能得好處者少，機會只是學得教訓，下次損失低些，卻又玩出危機和機會，好像一半一半的模樣，是誤人子弟。

2006年初台灣的"終止"國統綱領風波也是一樣，學藝不精，只悔當年學中文不夠努力，cease是中止，而terminate才是終止，中、終同音不同義，"中"者中途，中道，劉備是中道崩殂，創業未半，半途而停，但諸葛亮後繼蜀國，並未停步。

《西遊記》，唐僧西遊十停只走了一停，中道下了貶書，師徒關係（cease to function）。但一出事，孫悟空歸隊，師徒合約繼續生效。"終"則不同，"君子曰終，小人曰死"。終和死同義，不同種類，同辭不一般，所以止是停止，沒有了動力，日後一有動力，自不然就不停，只是"力"之所在而已。

《西遊記》中死而復生，辦法甚多。福祿壽三星有黍米之丹、東華帝君有九轉太乙還丹、太上老君有還魂金丹，都可以起死回生，烏雞國王就是靠此還陽。唐僧第一次貶孫悟空，是剛吃了人參草還丹，增壽四萬七千載，只保證長壽，卻不保證不被殺死。思考不精的唐僧迅速收回成命，當沒寫過。

第二次是到了半途，闖過西梁女皇和蠍子精一好一壞兩大美女的桃花關，又遇上孫悟空殺人，也是迷迷糊糊，炒老孫魷魚。又遇上六耳彌猴之難，要如來出手，觀音出口，必須收留悟空，不得嗔怪。在兩大高手力壓之下，任何貶書都失效，管他"中止"還是"終止"，也要合意同心，洗冤解怒也。

30 解壓種種

用現代的方法來替《西遊記》JV 中的團隊中人解壓並不一定管用，但十四年間走了十萬八千里的路，確是不易。《西遊記》之行，在未遇上九九八十一劫的時段，也可以說是以旅遊來調劑。諸如鎮元子的莊園、小雷音都是好地方，但仍是劫地。

旅遊也可以遇上海嘯，所以也是看時福。西遊諸人是素食者，也算是健康飲食，雖然只能飲素酒，但大唐號已有葡萄酒的出現，素酒亦可以是紅酒。

財富在西遊團隊心中是身外物，要保存的是通關文牒、紫金缽、九環杖、錦鑬袈裟，一樣也不可缺。孫悟空等日日在運動，按摩是太奢侈，豬八戒大概不介意。睡眠充足最重要，亦是 CEO 們最需要一環。今日藥物已是不可或缺之物，有何後遺症則日後才知。

找尋良好伴侶，不是西遊中人所需，因為全是獨身者。豬八戒和唐三藏卻在全程受考驗，老豬則仍迷戀於前身所鍾愛的嫦娥。大概CEO要找意中人，一要在當CEO之前，或當完 CEO 之後，找到才較保險，也只有在這兩個階段才有時間培養感情。

一當上 CEO，過的是"七二四"的生活，好伴只是夢想，有如唐三藏遇上西涼女主是可遇不可求。相信屬下，不必自己做太多，孫悟空也做不到，豬八戒和沙僧可以全力相助，但功力不足，孫悟空只能任勞任怨。

花時間冥想，可以解壓，但西遊 JV 已有《心經》相助，"心生，種種魔生，心滅，種種魔滅"，若能細味這兩句，已解了不少的壓力，不必冥想。

31 危機與關係管理

《西遊記》九九八十一劫實際上是八十一種危機，除了唐僧出生到遇到孫悟空之前的七劫，由人力處理外，其他各劫都是由孫悟空來處理。

其中四十一段故事，發生在西域的九個人間國度，途中遭遇可以分為六大類：

（1）是天將思凡，諸如奎木狼星、太陰玉兔；

（2）神獸逃逸，諸如太上老君青牛、文殊菩薩的青獅、普賢菩薩的黃象、觀音的大金魚、壽星的白鹿；

（3）妖仙攔路，如來親戚的大鵬金翅鵰、牛魔王鐵扇公主紅孩兒一家三口、黑熊精；

（4）大仙家奴，諸如彌勒佛的黃童、太上老君的金銀童子；

（5）天神置阱，梨山老母、觀音、文殊、普賢四聖，鎮元子等；

（6）迷魂色劫，如白骨精、蜘蛛精、西涼女主、蠍子精、白毛老鼠精、杏仙等，都令唐三藏周身唔妥。

孫悟空面對這些危機，雖然用盡全身功力，仍不免丟失唐三藏多次，本身亦險死還生，有失大鬧天宮所向無敵的威名。原因很簡單，所受壓力太大，解決危機的限制亦太大，與天庭號和西天號各位重要人物有關係者殺不得，視為人才者小動不得，只有其他"無關係人物"才能打殺。

所以思凡天將只能歸位，由玉帝和如來佛處理；觀音則收伏黑熊精、紅孩兒，成為守山大神和善財童子；太上老君收回金銀童子；彌勒佛收黃眉童子。孫悟空亦只能無奈，只能打殺那些小妖如白骨精、蜘蛛精、蠍子精、杏仙等妖。所以危機處理亦只是關係管理，JV 團隊不能和股東關係企業翻臉競爭，今日亦如是。

附：《西遊記》八十一劫

劫數	魔頭	原身	救星	結局
1) 金蟬遭貶	睡蟲	金蟬	如來佛	投胎陳家
2) 出胎幾殺	劉洪	—	觀世音	乳名江流
3) 滿月拋江	劉洪	—	法明和尚	法名玄奘
4) 尋殺報冤	劉洪李彪	—	殷丞相	陳家團圓
5) 出城逢虎	寅將軍	老虎精	太白金星	西征
6) 折從落坑	寅將軍	老虎精	太白金星	西征
7) 雙義嶺上	斑斕虎	—	劉伯欽	收徒
8) 兩界山頭	孫悟空	齊天大聖	觀世音	鬥戰勝佛
9) 陡澗換馬	白馬	龍王三太子	觀世音	八部天龍
10) 夜被火燒	觀音禪院長老	二百七十歲老者	廣目天王辟火罩	引來熊怪
11) 失卻袈裟	熊黑怪	黑熊	觀世音	收為守山太神
12) 收降八戒	豬八戒	天蓬元帥	觀世音	淨壇使者
13) 黃風怪阻	黃風怪	黃毛貂鼠	菩薩	偷油下凡
14) 請求靈吉	黃風怪	黃毛貂鼠	菩薩	押見如來
15) 流沙難渡	沙僧	捲簾將	觀世音	金身羅漢
16) 收得沙僧	沙僧	捲簾將	觀世音	金身羅漢
17) 四聖顯化	四聖	黎山老母、觀音、文殊、普賢	—	老豬色戒
18) 五莊觀中	貪吃人參	鎮元子	—	推倒人參樹
19) 難活人參	—	鎮元子	觀世音	甘泉活樹

劫數	魔頭	原身	救星	結局
20) 貶退心猿	白骨精	—	—	老孫第一次被貶
21) 黑松林失散	黃袍老怪	奎木狼	寶象國三公子	出行寶象國
22) 寶象國捎書	黃袍老怪	奎木狼	披香殿玉女	下界十二年
23) 金鑾殿變虎	黃袍老怪	奎木狼	玉皇大帝	孫悟空歸隊
24) 平頂山逢魔	金銀角大王	金銀爐童子	太上老君	借調歸位
25) 蓮花洞高懸	金銀角大王	金銀爐童子	太上老君	觀世音
26) 烏雞國救主	全真道士	青毛獅子	文殊菩薩	私人恩怨
27) 被魔化身	全真道士	青毛獅子	文殊菩薩	佛旨前來奪位
28) 號山逢怪	紅孩兒	牛魔王之子	觀世音	吃唐僧肉
29) 風攝聖僧	紅孩兒	羅刹女之子	觀世音	叔侄無情
30) 心猿遭害	紅孩兒	—	觀世音	三昧火燒
31) 請聖降妖	紅孩兒	金箍兒	觀世音	善財童子
32) 黑河沉沒	鼉龍	西海龍王侄子	敖順龍王太子	押歸西洋
33) 搬運車遲	虎力鹿力羊力	黃毛虎白毛鹿	孫悟空	昏君信道滅佛
34) 大賭輸贏	虎力鹿力羊力	羚羊	敖順	三妖俱滅
35) 祛道興僧	虎力鹿力羊力	羚羊	孫悟空	三教歸一
36) 路逢大水	通天河怪	蓮花池金魚	觀世音	三寶沉通天河
37) 身落天河	通天河怪	蓮花池金魚	觀世音	大戰三徒弟
38) 魚籃現身	通天河怪	蓮花池金魚	觀世音	織籃擒魚
39) 金兜山遇怪	金兜怪	太上老君青牛	孫悟空	不敵金剛琢
40) 普天神難伏	金兜怪	太上老君青牛	滿天星斗	玉帝派神兵
41) 問佛根源	金兜怪	太上老君青牛	太上老君	老君收牛
42) 吃水遭毒	落胎泉怪	牛魔王兄弟	孫悟空	子母河水落胎泉

劫數	魔頭	原身	救星	結局
43) 西梁國留婚	西梁女王	—	唐三藏	拒婚出行
44) 琵琶洞受苦	蠍子精	蠍子	昴日星官	老豬釘蠍
45) 再貶心猿	草寇多人	—	觀世音	老孫二次退
46) 難辨彌猴	假悟空	六耳彌猴	如來佛	彌猴被殺
47) 路阻火焰山	通天河怪	—	鐵扇仙	太陽精葉滅火
48) 求取芭蕉扇	羅剎女	牛魔王之妻	靈吉菩薩	三調芭蕉扇
49) 收縛魔王	牛魔王	白牛精	四大金剛	全家得成正果
50) 賽城掃塔	萬聖龍王	龍精	孫悟空	殺龍得寶
51) 取寶救僧	九頭駙馬	九頭蟲	二郎神	九頭蟲逃脫
52) 棘林吟咏	深山諸老仙	松柏檜竹杏	豬八戒	全部被築倒
53) 小雷音遇難	黃眉老佛	彌勒佛黃眉童子	諸天神佛	亢金龍鑽金鈸
54) 諸天神遭困	黃眉老佛	彌勒佛黃眉童子	彌勒佛	收回後天袋
55) 稀柿衕穢阻	惡穢物	—	豬八戒	拱路出山
56) 朱紫國行醫	賽太歲	觀世音金毛獅	孫悟空	揭王榜
57) 拯救疲癃	賽太歲	觀世音金毛獅	孫悟空	烏金丹救朱紫王
58) 降妖取后	賽太歲	觀世音金毛獅	孫悟空	盜鈴降獅 觀音救命
59) 七情迷沒	七美女	蜘蛛精七名	孫悟空	大破盤絲洞
60) 多目遭傷	多目怪	蜈蚣精	毗藍婆菩薩	收去看門
61) 路阻獅駝	青獅	文殊之青獅	太白金星	太白金星報憂
62) 怪分三色	黃象	普賢之象	觀世音	大聖入陰陽瓶
63) 城裏遇災	大鵬金翅鵰	如來佛舅舅	—	唐僧被擒
64) 請佛收魔	獅象鵬	如來佛舅舅	如來佛	各自歸位

劫數	魔頭	原身	救星	結局
65) 比丘救子	清華仙府國丈	南極白鹿	南極老人	白鹿被救 白狐被殺
66) 辨認真邪	地湧夫人	白毛老鼠精	孫悟空	唐三藏不辨
67) 松林救怪	地湧夫人	白毛老鼠精	孫悟空	李天王義女
68) 僧房臥病	地湧夫人	白毛老鼠精	孫悟空	唐僧被逼親
69) 無底洞遭困	地湧夫人	白毛老鼠精	李天王父子	天王收女上天
70) 滅法國難行	滅法國王	—	孫悟空	滅法改欽法
71) 隱霧山遇魔	隱霧山怪	花皮豹子精	孫悟空	豬八戒殺豹
72) 鳳仙郡求雨	郡侯餵狗	—	孫悟空	得罪玉皇大帝
73) 失落兵器	黃獅怪	黃獅精	孫悟空	黃獅盜兵器
74) 會慶釘鈀	九靈元聖	九頭獅子	太乙天尊	唐僧被擒
75) 竹節山遭難	九靈元聖	太乙坐騎	太乙天尊	擒回妙岩宮
76) 玄英洞受苦	辟寒辟暑辟塵	犀牛精三名	四木禽星	酥合香油騙案
77) 趕捉犀牛	辟寒辟暑辟塵	犀牛精三名	四木禽星	全部被殺
78) 天竺招婚	天竺公主	廣寒宮玉兔	太陰星君	玉兔返月
79) 銅台府監禁	盜賊三十人	—	地藏王菩薩	寇員外還陽
80) 凌雲渡脫胎	凌雲渡下水	—	接引佛祖	三藏脫凡胎
81) 通天河守經	陰魔奪經	—	四聖守經	"本行經"不全

讀西遊・論危機管理

44

第二章

西遊與組織管理

1 中國因素

英國財經日報《金融時報》（FT）對全球 EMBA 課程作出 2005 年的評分，首十五名內，中港之間的香港科技大學、中歐學院和香港中文大學佔了三名，剛巧是百分之二十，是英國（佔六家）以外，EMBA 入圍最多的國度。

"中國因素" 在行政人員工商管理碩士課程中的重要性，不言而喻。如何和中國做生意，或者如何和中國管理人員做生意，已是每位學員必須知道的技巧。中港的EMBA佔了近水樓台之利，又多了有豐富中國經驗的教授羣，自然佔了便宜。

正如學習語言一般，要有語言環境，才能學得順暢，要學習和中國行政人員打交道，要知道國情，要能溝通。今日讀EMBA，要考英語能力測驗，看來大趨勢是能懂中文和普通話才是致勝之道，所以要求中文能力測試，也為期不遠。

了解國情可以從歷史入手，中國人的行為其實也是千年不變，單是四大奇書《三國演義》、《紅樓夢》、《西遊記》、《水滸傳》，其中各路英雄、英雌的行為模式，包羅萬有，由高層管理到市民心態，兒女之情，滿天神佛，都涵蓋在內，期間的行為模式，已成典範。

以唐僧為例，表面上是擇善固執，但固執有之，有心擇善，都未必看到"善"，一般看到冒牌貨。西遊晚期到了"小雷音寺"，就以為是"雷音寺"，到看出有"小"字，也認為必有"佛祖"在內，強辭奪理死要面子，即使無佛，也有佛像，拜佛像也可，真是聽不進一句忠告。直到被擒，才知不聽話之苦，但也總算比《三國演義》中的袁紹好，錯了還要殺謀臣！

2 企業也有DNA

研究者指出，企業DNA具四大要素：決策權力、資訊分派、激勵因素和組織結構。

"決策權力"是指誰人參與、誰有多大權力；"資訊分派"是指衡量業績，知識如何承傳，誰應該知道甚麼；"激勵因素"是指個人和組織的目標如何一致、有何物質上和非物質上的報酬、個人努力的誘因是甚麼；"組織結構"是指組織圖表和主從關係。四者以"組織結構"最不重要，沒有前三者，一切改組也是枉然。

用這四種DNA來看西遊JV，亦可看出組織結構鬆散。唐三藏是董事長，下面三個徒弟，孫悟空是CEO，豬八戒是後勤的COO，沙和尚則是貼身保鑣。唐三藏表面上是老大，但能力不足。孫悟空掌握決策能力，要行要止，去化齋、去投宿、去探路，一切自把自為，見到妖怪就打之哉，從不會詢問其他三位。

至於資訊分派，唐三藏是標準董事長，一切到最後才知情。豬八戒的閑言閑語，唐三藏常常信以為真，是資訊不大透明的一輩。在第一線工作通常是孫悟空和豬八戒二人，但

豬八戒這呆子一向只看愛看的，孫悟空亦由之。

激勵因素是西遊成功的主要 DNA，西遊大夥的目標是取經回東土，一救唐太宗，二救信徒，但孫悟空、豬八戒、沙和尚三人的目標卻是脫離妖仙之列，得以重返天庭。所以不管西行如何苦悶，一個觔斗已經完工的事，卻要在十四年才能完成，也不言退出。這個成仙的誘因，不可謂不重。

所以企業要成功，還是激勵因素第一，決策權力可以慢慢學，資訊不透明也成。

3　組織形態凡七種

企業組織因 DNA 不同而表現出不同形態。有研究指出有七種：一種健康形態，四種不健康形態，兩種不過不失形態。但不管那種形態，正如人一樣，仍可以苟延殘喘，只是管得辛苦些而已。

健康形態是善於適應，勇於改變，對現實不滿足而力爭上游。

不健康形態有四，第一種是"皆大歡喜型"，企業內人人滿足，不尋求改變，是不變型，一般最多；第二型是"百花齊放型"，人人有新計劃，人人不聽"別人枝笛"，是街頭音樂家，此種形態很快資源燒盡，不能永續經營；第三種是"以舊迎新型"，一切落後而不自知，山中方七日，外界變了數千年，"老柴隊"很快被新秀淘汰；第四種是"管到死型"，事事要分析要報告，人人是組織人，人人要守規矩，結果規行矩步，沒有競爭力。

至於不過不失的"中中地"型，第一種是"魚生粥"，一切僅僅熟，沒有長期計劃，只能到處救火，事情是完成了，人人喘了口氣，又有第二個危機出現。這種型態，最似《西遊記》四師徒，面對八十一劫，沒有策略，只能見步行步，見妖就打，打不過就請救兵，請對了萬事大佳，請不對就如盲頭烏蠅。幸而還有觀世音這個 last resort 救世軍，否則西遊之行很難成功。

另一種是軍事行動，強有力但反應緩慢，這等於西遊中的天兵天將，加上二郎神、李天王及哪吒父子等人，實力十分強大，破妖絕無問題。但沒有玉皇大帝御旨，例不出動，面對齊天大聖，可以勝而不勝，是組織的問題。

4 中印特性互補

《西遊記》中的"唐僧西天取經"花了十四年，行了十萬八千里，歷史上的三藏法師是單身上路，行了十八年，路程五萬里，為的是到印度求佛法。不過，三藏法師自稱是"西征求法"，從佛法的角度，在唐朝印度是師，中國是徒。儘管在唐太宗年代，經濟國力，都是以唐朝為天下宗主，但唐太宗何以在貞觀元年，就有求長生不老的志願，而不是晚年、年老力衰之時？沒有解答。

到了二十一世紀，再比較中印兩國的各種程度，以經濟而論，人均ＧＤＰ，中國約是印度四倍；從投資銀行的角度，印度經濟落後中國十五年，兩者仍在迅速發展中，印度是否追得上，要看人才累積的速度，以及改革開放規例（regulation）的速度。自唐朝以來，科舉制開始發展，一般清貧學子，可以憑讀書而進入文官系統。開科取士，士是進士，是珍貴的一輩，日後制度腐朽是另一回事，但從最大最廣泛的人口裏聘用人才，宗教並未發生影響。

至於在印度，佛法衰微，由印度教取代，社會階級制，人分四等，越級甚難。就以雕刻手藝而言，第一級人馬的藝術家可以把產品定價甚高，第四級人馬則只能低價出售，僅足餬口。這對人才向上和奮發，十分局限。目前中國是世界工廠，印度則是世界資訊處理中心，兩者有互補性。

至於ＧＤＰ增長，還要看兩地的消費者行為的改變。目前中國的消費者支出只是ＧＤＰ的百分之四十，跟日本的百分之七十、美國的百分之七十三，還有排追，印度亦是。

5 中印未來學

跨國企業有聘用"未來學"（Futurology）專家來評估市場長期趨勢，正是有辣有不辣，"風水佬"可以呃你十年八年，"未來學"可以更長。正如二十年前，説寬頻將取代固網電話、互聯網取代傳真服務、不肯打字的人要乖乖坐在電腦前面、消費者品紅多於灌烈酒、飲茶葉飲料和碳酸飲料者勢均力敵、小孩子老人家都會用手機，都是一些難以置信的"未來學"。

事實上，變幻（change）才是永恒，沒有機會，沒有挑戰，也就沒有改變。往後二十年，最大改變的地方在中國和美國，絕對有道理。

二十五年前，中國人的收入在"做又三十六，唔做又三十六"的水平，香港一個經理人賺三萬六千元不算大事，兩地相距一千倍，港人一年收入等於中國普通人的一千年。但"未來學"告訴你，收入差距將大大改變，變成百倍或十倍甚至一倍，就是二十五年間的事。再過二十年，收入差距變成相反，也是"未來學"的範圍，半點不出奇。目前中國的億萬富豪已成行成市，各擁名車，比當年那些香港經理人的身家，多一千倍的現象已經出現，所有高級消費品都不能忘記中國這個市場。

至於不必預測的是，隨着中國和印度這兩個人口大國迅速發展，對石油能源的需求倍增，兩個大國經濟愈迅速，能源需求愈大，石油和石油相關產品的價格下不來。汽車的使用大量增長，空氣污染日甚，五年前那些預測世界進入低通脹的專家們早已失蹤，代之而起是利率看漲派，但二十年後又如何？誰也測不準。

6 海歸派始祖

二十一世紀是深入研究中國和印度的時節，從哪裏入手？筆者會從唐玄奘的《大唐西域記》開始。

歷史上的唐三藏和《西遊記》中的唐僧是迥然不同的兩個人，《西遊記》的唐僧西遊十四年，行十萬八千里，有孫悟空、豬八戒和沙僧等保護；歷史上的唐玄奘，出行十八年，往返五萬里，單人匹馬，風險比唐僧的九九八十一劫要高得多。

《西遊記》唐僧是唐太宗御弟，出國風光得很；歷史上的唐玄奘是未得批准，偷渡出境，由長安出發，西行經過蘭州、涼州，到達敦煌，過玉門關，到達高昌，進入西域，以今日的交通發達，也是辛苦的旅程。但這只是西征的開始。唐玄奘為了西征求學，作了充分的準備。在學識上、意志力、體魄健康和語言學習，都達到一流水平，才在二十六歲這個體力巔峯時間出發。這一年是貞觀元年，唐太宗因"玄武門之變"當上天子，何暇理會是否有僧人出國留學？

唐玄奘花了五年，才到達當時印度佛教的最高學府那蘭陀寺，拜師戒賢法師五年之久。這位印度佛學大師當然不必懂唐文，唐玄奘的梵文水準極高，由貞觀十年至十六年間，唐玄奘遍遊印度各地，記下不少印度古代十六大國的事跡。在貞觀十八年作歸國之旅，親身經歷一百一十一個國家，並從傳聞中得知二十八個國家，是繼張騫出西域後一個驚人的傑作。

可惜《西遊記》的唐僧深入民間，除了會唸阿彌陀佛，沒有了徒弟便寸步難行，古代出國留學，作海歸派始祖非易事。

7　商業道德規範

意大利 Parmalat 的董事長兼 CEO 譚斯奮戰了四十二年，結果功敗垂成，論者謂是企業欠缺了商業道德規範（code of ethics）和沒有設立防止行賄和受賄的政策。

《西遊記》卻並不缺乏這些因素，唐僧雖然平庸兼有時糊塗，但卻有高度自律的精神。第五十回，豬八戒拿了無主的錦裇回來作禦寒之用，唐僧的反應是："雖是人不知，天何蓋焉"。"暗守虧心，神目如電"。行動是："趁早送去還他，莫愛非禮之物。"

從現代管理語言，是沒有操作不會被審核委員會事後發現，除非最高層自行放棄這項權益。從內部控管人員或是審核人員的角度，非禮就是違反政策和操作手則，雖然不至於有如《西遊記》中西征就是"正義戰勝邪惡的過程"，但也是一個發現違規的過程。這種 anomaly 就如豬八戒經不起各種誘惑而發生的違規行為，《西遊記》的 code of ethics 就是《般若波羅蜜多心經》，行為上要"滅心魔，殺六賊"，懲罰手段就是緊箍咒，企業制服就是穿袈裟，穿上制服就是代表企業的聲譽。而從事市場推廣人士，日日交際應酬，如

何恰如其分，就是要滅心魔，"心生，種種魔生；心滅，種種魔滅"。控制了內心的貪念，一切艱難險阻，富貴溫柔鄉，只要有唐僧的堅定信念，一切好辦。

殺六賊也不過是"眼不見色，耳不聽聲，鼻不嗅香，舌不嘗味，身不知寒暑，意不存妄想"。孫悟空這位 CEO 是殺六賊之人，唐僧自身修煉未到家，反而要用緊箍咒懲罰孫悟空，也是常見之事，否則何來醜聞。

8 人性弱點要控管

二十一世紀好談公司管治（corporate governance），其中三大要素：一是透明度，利害衝突要説明得很清楚；二是道德規範，要有正式的價值觀，並要化價值為行動；三是行賄腐敗的防止、行為規範、內部控管和有何前科，都要説明得很清楚。三者缺一，公司管治即受破壞。

破壞公司管治的往往不是立例不周，而是人性的弱點和社會環境。很多違規行為更美化為市場慣例（market practices），市場上充斥着往往是人情風氣、裙帶關係等等，而管理人亦有自己的局限。

以西遊 JV 的師徒來看，董事長唐三藏是肉眼凡胎，凡事只看到表象，是非不分，輕信人言或妖言，亦是教條主義的信徒，加上膽小怕事，疑神疑鬼，不敢作決定，很多時要 CEO 孫悟空代為決策，否則寸步難行。尚幸取經之心堅定，不會受財物和女色所誘惑。

至於孫悟空，是少私寡欲的典型，但有好名之心，加上好殺之心不息，一定要緊箍咒才能制衡。沙和尚是"明哲保身"型，凡事和稀泥，明知不對也不敢是非分明，對制衡貪污，沒有幫助。豬八戒更是充滿人性弱點，不論食欲、色欲、私欲都旺盛，有極強的虛榮心，凡事要先計得失，意志不堅，更是貪婪（greed）的大家。

在商業社會，greed本是前進的動力，食色性也，但要防範無節制地放縱的貪欲，那是內部控管要注意的地方。CEO收入是一般員工的五百倍，是二十一世紀初的醜聞主角的第一特徵，董事全不察而已。

9 人才匱乏須外判

西遊JV共有三個股東，一個是西天號CEO如來佛，一個是天庭號CEO玉皇大帝，一是凡間大唐號CEO唐太宗，三位CEO各有其管理方式，基本上權力無限，但使用權力未必人人得其法。

《西遊記》背景名為大唐，當時是太平盛世，國力最盛之時，但實際描述卻是作者吳承恩生長的大明號時代。

吳承恩成長於正德皇帝的十六年，但生命發展卻是嘉靖皇帝的四十八年。嘉靖以藩王入主大明號，威信不足，沒有班底，對部下手法是先而尖刻，繼而懶散。數十年不見手

下，是最著名的行為，用人之道史稱"忽智忽愚，忽功忽罪"，沒有遊戲規則。於是出現了權臣黨如嚴嵩、嚴世藩父子，太監黨掌握東廠西廠；朝中正直的文官則被列為奸黨。

大明號各代的 CEO 大都是昏庸腐朽兼懶惰，這個現象在天庭號的玉帝身上，亦表達不少。玉皇大帝修行二億多年，唯我獨尊，不會退位，亦患上 CEO 厭倦症，對於用人唯賢，早已忘得一乾二淨。單看處理孫悟空事件，第一次招安，聘為未入流的弼馬溫，第二次給予虛名齊天大聖，但任職亦只是代理蟠桃園園長。導致大鬧總部辦公室，最後只能 out source 給西天號如來佛祖伏魔，整個天庭號居然無人可伏孫悟空，可見人才的缺乏。

本來人才匱乏是新成立的企業的特徵，大明號由朱元璋開始就以殺戮功臣為宗旨，歷朝無 CEO 撥亂反正，亦沒有餘暇培養人才，新企業出事亦在此。

10 三次招安終有成

大明號的二百多年間，出現三本傳世的小說，作者們除了提供閱讀之樂外，人人都別具深意。《三國演義》說明的是用人之難，創業不易；年齡不是問題，忍耐是最重要的成功因素。《水滸傳》則說明當領袖不易，合併不易，招安更是大騙局。《西遊記》則以師徒四人西天取"經"，一路災難不絕，危機管理不易。

災難復元更難，三本小說都說明管理人員不足，和缺乏領袖的痛苦。取經者，追求"管理之道"而已。大明號已進入商業社會，海外貿易在明成祖派鄭和七下西洋之後，早已一發不可收拾。官方說不許，只是化公為私而已，但有商業行為而缺乏商業道德（business ethics），是《西遊記》筆下的境況。"多欺多詐，多貪多殺，瞞心昧己，大斗小秤，害命殺性"、"不尊佛教，不向善緣"等則是陪襯而已。

　　從二十一世紀來看，孫悟空要取的經，是危險管理的經，是災難復元的經，因為災難已處處，不必預警已可見。而 CEO 偏多如唐僧："真假不分，善惡不辨，糊塗執行，耳軟心慈，易聽讒言，尊卑念重，愚事顧己，不從大局"；加上唐僧對妖多情，對孫悟空特別絕情，所以孫悟空經常要受"緊箍咒"之苦。

　　孫悟空因為沒有金蟬子的十世修為，不能代唐僧取經，只能忠誠護師，一齊到了西天，才能完成第三次招安之行（第一次任弼馬溫，第二次當蟠桃園園長）。這是非體制中人之苦，不足為外人道，所以孫悟空也只有忍耐唐僧這類型的 CEO，才能一齊成佛也。奈何！

11 建立團隊不對抗

　　建立團隊（team building）是每一家商學院必修科目，但團中有隊，隊隊各有小目標，也是現象中無可更改的。企業最高層的唯一法寶，也不過是把聚寶盆所得之物，合理地分配，而從來合"誰的理"是團隊中最大的爭論。家族企業中的老大是永不能移動的石頭，因為事業從此公手上創出來，功大於天，過無從起。

《西遊記》也是建立團隊的範例，JV的大股東玉帝、如來、唐太宗都是功業無匹的人物，組織人觀世音更是慧眼知人。唐三藏既是如來的二徒金蟬子轉生，又是唐太宗御弟，本身是小乘佛法的宗師，當董事長的資歷無可爭議；至於管理能力和執行能力如何，不在考慮之列。董事長只要可信，擇"善"固執，不會協妥，就成了。所以要找來三個能力不一樣的徒弟，三個都是要戴罪立功，才能脫離困境的非主流人物。

孫悟空是其中之最，得到CEO的職位，是因為能力一流，有處理危機的能力。但是有"好殺"的惡習，和唐三藏的"好生"之德，剛剛相反。這個四人團隊的磨合，注定艱苦。唐三藏的理念是殺隻螞蟻都不可以，孫悟空則是除惡務盡，不留活口。所以團隊幾次翻臉：第一次孫悟空自己辭職，第二及第三次是唐僧炒其魷魚，最後還是觀世音做和事老。既要孫悟空尊重師傅，又要唐三藏不得隨便炒魷，三次衝突以後，大家都了解到只有互相扶持，彼此忍耐，才能完成上西天大業。

現代建立團隊亦復如是，不能希望彼此互愛，只求互不對抗，已是大佳。

12 水滸西遊建團法

用"建立團隊"的現代管理觀念,來評估《水滸傳》中的宋徽宗和《西遊記》中的觀世音,有截然不同的看法。今日CEO在建立團隊時,要在"預算、時間表和效果"三者中玩平衡。

宋徽宗本人是藝術家多於管理者,擅長應付異性、太監和柔順的人,對直來直往的手下,只採取相應不理的態度,在建立管理團隊時最後選擇了"六賊"。在預算上無限量,只要隊員自行籌款,到江南的富饒之地去搜刮,如應奉局弄成方臘之亂,任用親信而加以庇護,姑息養奸,所以童貫領兵二十年,高俅在樞密十餘年,權勢無人能及;蔡京四落四起,梁師成任太尉。這個管理團隊,造成"官必貪,吏必污,將必怯,兵必懦",團隊道德缺乏,士氣全無,見敵則潰,臨戰必敗,多多預算也沒有用。

而亡國時間表,在二百年循環論中,已提早三十多年,結果是亡國,招安宋江一百零八人,完全浪費。其實梁山團隊,大部分已生異心,只是看在宋江份上;宋江一去,繫不住人心;六賊團隊,只能管"敗兵"。

至於《西遊記》的觀世音則不同,西遊師徒身無長物,只有唐太宗所送紫金鉢最值錢,最後用來送禮給如來佛的兩大左右。團隊目標清晰,取經而已。時間表原訂三年,但結果十四年,去程十四年,回程只八日,途經九九八十一劫。團隊要日日管理變化(managing change),還要預期變化,孫悟空因內部溝通不良，而屢為團隊所不解，但最後亦磨合成功。排除萬難，帶回真經，但也帶回賄賂行為（紫金缽），功虧一簣。

13 兩不相謝互扶持

《西遊記》中觀世音除了召集唐僧四人西征外，一路上仍要繼續作西遊領導的工作。唐僧和孫悟空的取經目標是一致的，但手法剛剛相反，一個保生，一個殺生，是天生的對頭，反面是遲早。要兩人磨合，一個要 flexible，一個要 adaptable，在這一點上，唐僧的適應性較弱，只有委屈孫悟空。反正孫悟空在五指山過了五百年牢獄生涯，山底思過，又中了緊箍的計，只有將就。但畢竟兩次被趕，觀世音的 coaching 方式是讓悟空哭訴，指出他不是之處，然後鼓勵士氣一番，悟空也就繼續投入工作。

事實上，最需要鼓勵的是悟空，因為其他兩位徒弟無法適應。在磨合過程中，孫悟空在三打白骨精後也學乖了，一於要證據確鑿，才揮棒相向，殺錯妖人也不再報告；認叻太快，是悟空初期的錯誤行為，以唐僧的不明事態，不必跟他說明，才是保身之道。當然，觀世音在兩次悟空被趕之後，亦對唐僧發出警告，不得隨意炒魷，西征路上，無悟空不行也。

在這種問題上，觀世音的處理矛盾衝突上算是成功的，所以到最後達成任務之際，唐僧和孫悟空已是平等相處，唐僧過了凌雲渡，脫了凡胎，得了畢業證書，反而要多謝三位徒弟。悟空說是："兩不相謝，彼此皆扶持也。"

這是建立團隊的真諦，唐僧要有人保護，才能成正果，否則有多少資本也沒用，悟空三人則借門路修功，西征成功，亦成了正果，可得大筆退休金，安然當佛去也。

14 解脫不安心態

西遊團隊在組織上，唐僧是董事長，孫悟空任CEO，是牢不可破的，是觀世音所留下的結構性問題。在人才使用上形成"天才事庸主"的形態，但亦是很多JV組織的基本形態，不是甚麼新事物，二十一世紀亦是到處都是，隨手可得。

孫悟空不論在知識上、能力上，對西遊寶典（《心經》）的識見上，都可當唐僧的師傅有餘，但兩人關係偏偏是逆向。但孫悟空有自己的agenda，要借"西遊成佛"，只有認命。唐僧對《心經》的認識只是背熟而得其皮毛，等於今日唸完MBA而不得其精神，在管理上只是患得患失，恐懼驚惶心神不定。這種"不安"的心態，古人謂之"心魔"。

唐僧在經營西遊期間，經常為"心魔"所惑，每個決定都是在惶恐、疑惑驚懼、搖動、畏縮之中掙扎，沒有這位"一片忠誠"的徒弟孫悟空，可以說是"大道遠矣，雷音亦遠矣"。亦正因如此，西行的三年工夫，花了十四年，在業績和效率上，唐僧只能得個 B－，悟空是 bossing the boss 的高手。《心經》熟透，經常用《心經》來提醒、規勸、安慰、鞭策唐僧。

作為一個"心不安"董事長的屬下，一定要盡力令董事長寬心、解慮、堅意、寧神，才能作出正確決定。不要説唐僧，就是決定赤壁一戰的孫權，也是反反覆覆，要三國兩大高手的周瑜和諸葛亮一齊出手，才能堅其意、寬其心、解其慮、寧其神，最後拍板。

15 針對性格下藥

《西遊記》中，孫悟空是神，唐三藏是人，神有神通廣大，上西天易過借火，但不算數；人有人性弱點和局限，所以人要取經，難度奇高。唐僧得道，難能可貴，孫悟空得道，亦吃盡苦頭，還是吃人的苦頭。

唐僧在表面上是"得道聖僧"，實質上是只得皮毛，大道未通，同時手握武器"緊箍咒"，一言不合就要唸，令神通廣大的孫悟空痛不欲生，所以要 bossing the boss，首先要明白唐僧的各種毛病。一是膽小怕事，一旦出了小毛病，就要雙眼淚垂，怨悟空闖禍，累他受罪，嬌嫩得很；二是善而近蠢，經常中妖魔之計；同時是勇於認錯，永不改過，令人無可奈何，此種人不能有"不可節制的權力"；三是自私低格，悟空殺了六賊，唐僧唸經，居然唸"冤有頭，債有主，切莫告我取經人"，完全沒有團隊觀念；四是好耍家長權威，方式是"朝朝教誨，日日叮嚀"，相信"教而不善，天下之智愚"，這種方式，在唐朝也不靈光，何況今日？五是死要面子，講究排場，有個聖僧模樣。

唐僧式的管理人，要令他"依計行事"，當然要根據他們多樣化的性格而落藥。要面子，給面子；是怕死，就壯膽，大包大攬，保證不出事，有計劃地保護於天地之間，不給予太多妖魔的誘惑；是自私，就灌輸大公的團隊精神；好玩家長，就滿足其"人之患"的欲念，不怕日哦夜哦，給予發表的機會而不影響西遊的效率。

可惜世上唐僧多而悟空少，所以才有經營不善的 JV 充斥於世。

16 如何面對新 CEO

"一言堂"是不是全球各國企業CEO的共通點？恐怕不是的。CEO 們在二十一世紀的共通點，是沒有私人時間和相信團隊建立的重要性，一個人獨力難支，都有管理能力的極限，正如人的身體一樣，CEO 也是有個人差異和國度差異。

儒家學說的家長制，令到"一言堂"有市場，但歐洲各國中，法國亦有專權的特徵，法國人不喜歡自己決定被挑戰，人人要當拿破崙，同時喜歡用人唯"意"，不是用人唯親，而是要自己選擇自己能用的人，而不願意由他人準備好；這點德國人比較民主，英國人比較實事求是，有理由可以被挑戰。所以每次跨國企業在換 CEO 的時候，員工如何表現，首先要觀察新 CEO 有何特質，是法式、德式、英式還是中式，性格基本特質為何，個人喜惡何屬，不必急急求於表現。

當然，一樣米養百樣人，在跨國企業內的生態，有人急於表現，扒頭拍捧，但一不小心，拍了馬腿；有人坐以觀變，但又在一旁指點江山，一派老臣模樣；有人大放小道消息，是江湖百曉生，其實一味靠估；亦有人是舊派寵臣，急急自求生路，看看獵頭族有何新意。實際的則默默工作，做好自己份內再說。

《西遊記》中孫悟空、豬八戒和沙和尚，本都是天庭的員工，因犯錯而離隊，但觀世音組織西遊 JV，天降唐三僧當 CEO，孫悟空急於表現，結果不如僧意常被唸咒，豬八戒善討人意，成為唐三藏的寵徒，沙和尚默默工作，不求有功，唐三僧亦照單全收，後果各不同。

17 領導六大特質

傑出的領袖和卓越的才能，是商業管理上最濫用的名詞。二十一世紀的 CEO，據說要具備下列特質，一是能夠落手落腳，陣前領軍，令大眾追隨；二是長於鼓舞士氣，善於領導，視野正確，缺一不可；三是言語清晰，不會令人誤會；四是說話小心，不說大話，因為下屬信以為真，將來要改口就恨錯難翻；五是高處不勝寒，高層最寂寞，決定要自己作，沒有人可以代替，更不可求神問卜；六是在高處意外重重，不要訝異，更毋須悔恨，要當 CEO 便是如此。

以此標準，《西遊記》中的唐僧當然不合格，孫悟空則不在其位，經常要易徒為師，取代唐僧的領導權。事實上，西遊 JV 的成功，是四人團隊成功，是經過十四年的磨合，彼此完全適應，才能面對各種考驗。

《西遊記》中，唐僧的領袖是反面教材，一是陣前退縮，既怕餓又怕死，經常要孫悟空去化緣覓齋，何以不能忍一忍，前不見村，後不見店，又偏偏要孫悟空去搵食？是自尋煩惱。唐僧善於婆婆媽媽，日日叮嚀，徒弟們都是成道多年的仙妖，何須多說？只要早日"上西天"是唯一目標，西遊的效率可增，不必延誤到十四年。西遊的決定大都由孫悟空所作，亦要承受唐僧"不樂"的惡果；鼓舞士氣亦然，唐僧作為多是反鼓舞士氣，尚幸三個徒弟都知道要借橋成佛，不與計較；還好唐僧不說大話，對上西天十分執着，不受引誘，但最後了解到 JV 平等，大家磨合成功，放手令悟空作領導才能成功。

18 CEO 能力及責任心

《西遊記》中的烏雞國王因為"好善齋僧"，有機會得成正果，但因為不識文殊菩薩真面目，得罪了文殊，浸了文殊三日，換來自己三年水災之報。執行任務是文殊座騎青毛獅子，此獅雖然已閹割了，但也神通廣大，上至城隍、四海龍王，下至十代閻羅都是兄弟幫。烏雞國王投訴無門，硬是要坐滿三年水監，才遇上唐三藏師徒。

烏雞國王還陽後，要把帝位相讓，唐三藏固然無興趣，孫悟空說得更明白，做慣和尚懶為皇，只因做了皇帝，"黃昏不睡，五鼓不眠，聽有邊報，心神不安，見有災荒，憂愁無奈。"所以一於做和尚修功去也。

事實上，在古代當上 CEO，一要有能力，二要有責任心，二者俱備是明君，二者俱無是昏君，有能力無責任心者是暴君，有責任心但無能力者是庸君。

《西遊記》中的唐三藏若做了烏雞國王，大概是庸君，而孫悟空有機做明君，但若沒有緊箍咒，亦可以成為暴君。因為權力可以令人腐敗，權限令 CEO 有了節制和限度，緊箍咒就是孫悟空的權限。

劉邦在創業 CEO 中欠缺好評，是利己主義者的代表。一旦出事，父親可以不要，兒女也可以不要，但在管理大漢時卻能賦蕭何最大權限。蕭何是相權最重的幹部，有人事權一切好辦，今日家庭企業管理法，就是"人事權不給外姓"。

這個制度，最後被英明神武的漢武帝劉徹破壞，以致所用十二名宰相都是傀儡，只能執行，出事則食死貓，此種雙首長制不利老二，能撐多久，看災勢何時來。命也。

19 明君昏君的選擇

烏雞國王因和文殊菩薩的私人恩怨，失蹤了三年，但代替他的青毛獅子一樣管得掂。三年間，風調雨順，國泰民安，後宮雖三宮六院，但青毛獅子是閹了的畜牲，並無女色的問題，所以烏雞國王是不是一個明君，無從判斷。只是好善齋僧，從如來佛的角度可以成為金身羅漢而已。

事實上，一個 CEO 的業績時間一長，都有階段性，先明後庸、先明後昏、先明後暴都有可能。

以劉邦為例，稱為漢王直至成為漢高祖共十二年，前五年是楚漢相爭，劉邦是自將必敗，用將必勝，因為手下有韓信。能用韓信，又要多得蕭何不是妒才之人，所以劉邦成為大漢的創業之主，是明君。到了叔孫通定下朝班禮制，才解決了「功臣宿將」心中不服氣的問題。大家一齊同撈同煲，是布衣朋友之交，突然要變成高高在上，很難服氣，所以「心常鞅鞅」是普遍共打江山的老夥記心態。

還好，劉邦有一個好處是「捨得」，人人封列侯，而列侯代表人物是宰相蕭何，所以劉邦後來對蕭何有意見亦是正常的。但劉邦晚年與部下關係極差，死前三年陳豨作反，死前

兩年韓信、彭越亦反，臨死那一年英布亦反。基本上所有打得的大將都反，劉邦死前還要御駕親征英布，問英布"何苦而反？"英布答曰："欲為帝耳。"可見CEO吸引力之大。

如此過了十二年，劉邦亦做厭了CEO，和呂后關係亦麻麻，所以連生存的欲望都失去。醫生說有得醫，劉邦都拒絕，贈黃金五十斤而罷之，最少死前未變昏君。好彩。

20 乏味的皇帝工作

烏雞國王死而復生後寧放棄皇帝的工作，劉邦何嘗不是？

劉邦四十一歲才創業當上CEO，漢初三傑是他的班底，但真正的老鄉只有蕭何，張良是貴族，韓信則是敵營來將，關係只是賓主。劉邦演技雖然一流，但三傑都是聰明人，劉邦是利己主義者，可以共患難，不可以共富貴。

劉邦的十二年CEO生涯，頭五年和項羽搏鬥，項羽雖剛愎自用，又婦人之仁，但要擊敗他也要五年。劉邦也自知運氣好，外敵去後，照例是窩裏鬥，團隊內四大天王，威脅最大，要逐個擊破，陳豨、彭越、韓信、英布沒有一個是好結果。到滅掉英布，劉邦亦身受箭傷，五十三歲，命不久矣。餘下大都是文官如蕭何、張良、陳平，武將只留下老實人周勃，威脅性不大。但蕭何亦免不了牢獄之苦，要借好財好貨以示心無大志；張良飄然引退，深知功成身退天之道。

劉邦當上 CEO 多年，自嘆 "吾乃今日知為皇帝之貴也"。貴則貴矣，但未必富，漢初經濟極差，物資缺乏到將相出門，都只能坐牛車代步，連皇帝要找四匹同色的馬拉車都難。劉邦後宮有個戚夫人，但仍有呂后在阻頭阻勢，劉邦雖想把太子由呂后之子改為戚夫人之子，亦被智囊團中人如張良及陳平所反對，劉邦可以說是晚年諸事不順，為呂后打江山而已；加上北方有匈奴的威脅，劉邦亦不知江山是不是可以永固，可以說劉邦之拒醫而死，一是厭世，二是永保全名。但求當上開國之君，至於是否如秦的二世而亡，無眼睇了。

21 上君盡人之智

"天庭號" CEO 是玉皇大帝，這位 CEO 究竟是如孫悟空所說昏庸，還是高深莫測；是大事精明，還是小事糊塗，那真是要從很多角度來看。

《西遊記》中的天庭號是億萬年的老字號，道教的神仙眾多，天庭都住滿，且看孫悟空第一次招安上天庭，要安置一個職位，武曲星啟奏："天宮裏各宮各殿，各方各處，都不少官，只是御馬監缺個正堂管事。"玉帝在這個超龐大組織中，只有這個不入流弼馬溫的官，也只得由他。在玉帝來說，第一次招安是太白金星建議，而弼馬溫是武曲星推薦。如此小事，只能從善如流，錯誤的是不知孫悟空的作反能量，有點知人不明。玉帝本身法力有多高，誰也不知，但玉帝既能使得動天庭號第一武功的高手二郎神，又連"西天號"的如來佛都可招之即來，又有何怕孫悟空？

孫悟空不是沒有弱點，只要用"勾刀穿了琵琶骨"，就再不能變化，乖乖的綁起來。後來九九八十一劫羣妖不知此道，是資訊不全之故，孫悟空並非天下無敵。玉帝是道教之尊，自然深明"無為而治"之道，在處理孫悟空事件，卻犯了"明君不躬小事"的信條。要派孫悟空官職，不必親自下令，只要人事部先研究再推薦，量才而用，問題就不會發生。

所謂"下君盡己之能，中君盡人之力，上君盡人之智。"玉帝只採用了武曲星的調查結果，並未完全考慮孫悟空的"面子第一"性格，才會反出天宮。第一次招安失敗，玉帝的判斷力出問題，還好有太白金星，才有第二次招安。

22 有官無祿非好計

孫悟空不是宋江，招安不順就反出，因為有花果山這條後路，玉帝既不用賢，返家當家長，猴子猴孫一大堆。

太白金星是"天庭號"鴿派，一向反對勞師動眾，以安靜為政策，所以提出第二次招安，一於以"有官無祿"方法來搞掂，此亦今日西方的 title chase。"齊天大聖"的官階照給，VP不足，EVP又如何，但薪水只加少少，而孫悟空的齊天大聖，更是不管事，不給薪水，只養在天地之間，收他邪心，四海安寧，是EVP而無portfolio。玉帝既是"無為而治"，當然"依卿所奏"，太白金星執行去也。

孫悟空一生重名，齊天大聖是自己要的官職，不屬"天庭號"的排名系統，是例外原則，解決了排名高低的問題。第二次招安自然一拍即合。玉帝的條件是"官位極矣，但切不可妄為"。孫悟空於是專心結納人脈，"不論高低，俱稱朋友"。玉帝身旁自有妒賢之仙，指出孫悟空會"閑中生事"，不如派一職位。但玉帝又犯一個小事的錯誤，要孫悟空這饞神去管可以長壽的蟠桃園。孫悟空既是"邪心未收"，監守自盜免不了，仍然"官位至極"。何以蟠桃大會又偏偏少派一張請帖，正如請了投資界高手入公司，又不加重視，只求他不去亂搶生意，如此安排，自然出事。

兼且孫悟空充分了解"天庭號"內羣仙碌碌，沒有高手，玉帝的"無邊法力"亦看不出，於是乎索性要奪玉帝之位。玉帝沒料到李天王加上四大天王、十萬天兵，居然不是孫悟空對手。天庭號的老大組織暴露無能，只能外判給二郎神解決。

23 收服孫悟空的報酬

玉皇大帝當得成"天庭號"的 CEO，是眾仙擁立。雖然大家都是不死之身，沒有繼位的問題，但是眾仙既能擁，亦可以不擁。玉帝要保至尊之位，除了要眾仙碌碌，有神通廣大者亦要派落下界。

外甥二郎神既是有能力，居然要當 expat 去也，免得有威脅力。孫悟空二次反出，由二郎神解決問題。這次玉帝食言，有祿無官，並未給二郎神加官或升回天庭，可見危機感頗重。在處理叛將孫悟空又犯了一個細節問題，既然要將孫悟空放入丹爐，何不將孫悟空的金剛棒收沒，令到孫悟空化不成灰，還有戰鬥力，仙人們的思維真有問題。

二郎神功大無賞，只賜些御酒金花般虛物，再次調來收服孫悟空，就一定要升官，所以玉帝再玩外判 out sourcing 的招數。但道教的天庭號，要佛教的"西天號"救亡，雖是自暴其短，但亦是生意一宗。如來佛居然亦親自出馬，以天下第一高手的功架，當然能將孫悟空壓於五指山下，報酬如何呢？

原來是舉行"安天大會"，會筵上安排"龍肝鳳髓，玉液蟠桃"。此次龍鳳都遭殃，羣仙捧着明珠異寶，壽果奇花拜獻，王母親摘大株蟠桃數顆奉獻，壽星獻紫芝瑤草、碧藕金丹，赤腳大仙敬上梨二顆、火棗數枚。如來佛交由二大弟子阿難、迦葉，一一收起，真是滿載而歸，印證日後唐三藏取經，要送禮給阿難和迦葉簡直是小事一件。唐僧的紫金鉢和眾仙奉獻不能比，而玉帝第二次招安孫悟空，只賜御酒二瓶，金花十朵，如何能令孫悟空安寧，太吝嗇了。

24 審其所以從之謂忠孝

從《西遊記》的天庭號和地府號組織，看今日的東方企業管理，尤其是日韓傳統的家長制管理，確有共通之處。

地府號的六道輪迴，最高的"仙道"即是企業高階管理人，而"仙道"以下的"貴道"即大部門主管；"福道"即可以尸位素餐，有福的皇親國戚，只要安分就好；"人道"則是中層管理，真正做事的真實人物，凡事要公平公正公開："福道"則是花錢部門，油水最多，但稍一不慎，過了火位，可能跌入"鬼道"，十八層地獄，苦不堪言。

正是做哪行厭哪行，做哪職位厭哪職位，不知如何超生。正如中子彈傑克所言，最低業績的百分之十，只有出局一途，才有超生可能。在企業內當然人人想成仙，有終生職的保證，但也要防犯了天條，玉帝一怒，也如天蓬元帥、捲簾大將，一樣被貶入凡間，成為豬八戒和沙和尚，在灰色地帶掙扎。若入"貴道"要"盡忠"，若入"福道"要"行孝"，在玉帝這位大仙的要求下就是要聽話，不得自把自為。所以老孫要在五指山下思過五百年。

日韓企業也許研究儒家不足，未知孔老夫子論忠論孝，是講究"當不義，則爭之"。這句是曾子請教孔子而來，而荀子亦有記錄孔子所説的"審其所以，從之，之謂孝，之謂貞(忠)也"。結論是不論國家和家庭，都要有爭臣和爭子，才能"不削、不危、不毀"，是標準的風險管理。所以不聽命，而要審查命令，審查權力來源，程序正義，內容合法，才能執行，才能稱為忠孝，但孔子、曾子、荀子似乎失真已久，何時恢復？

25 循環之末

《讀水滸論領袖》一書內花了不少篇幅談北宋末年的領袖宋徽宗，和他的領導班子，這個班子全都是貪官，當時就被太學生名為"六賊"。貪官誤事是歷朝歷代都有的，炎黃歷史的代替，有專家認為有二百年循環宿命論。

西漢二百一十四年，敗於貪官之手，東漢一百九十五年，亦敗於貪官之手，大唐號只過了一百五十八年，天寶之亂就將大唐盛世打破，亦是敗於貪官之手。到了北宋的宋徽宗上位，北宋才一百四十年，本來距二百年循環還遠，但宋徽宗和六賊能幹，將循環提前，北宋號才活了一百六十七年，推究責任——宋太祖的遺詔：非謀逆，不殺大臣。

所以當上大臣就如得到黃金降落傘，最多被炒魷回老家安置。有時不我予者就貪得惡形惡像，自覺大把機會就慢慢收割，此理千古不易；其次管理戰鬥隊伍，濫於賞而輕於罰，臨陣逃脫，不戰而棄城，並非大罪，只是降職而已，後起甚易；其三是高層不罰但基層重罰，宋律法"持兇器劫人財物百貫者殺無赦，入室盜竊上千貫者亦殺無赦。"如此一來，梁山泊一零八好漢和手下，全兒殺無赦。小事就反亦是律法所引起。

所以《西遊記》中天庭號的玉帝一於"輕罪重罰"，亦是同出一轍。北宋末年是做官容易做吏難，所以北宋的行政委員會各成員蔡京、童貫、高俅，莫不家財萬貫，出事回家休息。蔡京四次復出任宰相，宋徽宗這 CEO 為何放不下這名貪官，還要經常到蔡府作客，蔡京 bossing the boss 雖已臻化境，其實宋徽宗亦共犯而已。

第三章

《西遊記》的背景

- 大唐李世民時代
- 大明號朱元璋及子孫時代

大唐李世民時代

1 唐太宗唐三藏

從組織學看《西遊記》，有由玉皇大帝當CEO的"天庭號"，有如來佛當CEO的"西天號"，有觀世音當CEO的"南海號"，有李世民當CEO的"大唐號"，主角是由唐僧當CEO的四人幫，孫悟空、豬八戒和沙和尚是這個大唐JV的夥伴。

觀世音的"南海號"是以人力資源和心理顧問為業務範圍，所以當"西天號"要把佛法推廣至"大唐號"，觀世音就自告奮勇，替"西天號"推薦唐三藏這個理想人選，以及唐僧的三個徒弟，一門四傑，上西天去也。

在五六世紀之交，還是隋文帝的開皇年間，中土孕育了兩位在日後有傑出表現的人，一位是599年出生的李世民，另一位就是600年出生的陳禕。李世民成為唐太宗，陳禕成為唐三藏。歷史上的唐三藏，在貞觀元年開始踏上西天的道路，而李世民亦踏上了做CEO的起點。歷時十八年，唐太宗完成了貞觀之治，而唐三藏亦在貞觀十九年帶佛經回國。

李世民只有在貞觀二十三年的時間治國，五十二歲就因病而死，唐三藏在二十六歲至四十四歲之間單人匹馬，往返五萬里，充滿堅忍卓越的性格。

《西遊記》中唐三藏的婆婆媽媽，是一個較為不討好的角色，但唐三藏畢竟以血肉之身，經營難度比有功夫的孫悟空、豬八戒和沙和尚是難得多，唐三藏是肉身而成佛，而其他二人是以妖怪得成正果。

《西遊記》中，大唐 JV 是以"取經"為短期目標，以"得成正果"為長期目標，所以唐僧才管得住三位神通廣大的怪物。

2　經理抑是領袖

歷史上的唐三藏是貞觀元年單人匹馬偷渡出境，去了西天；《西遊記》中的唐三藏卻是在貞觀十三年，和大唐號唐太宗結拜兄弟，親交護照，有二個長隨，光明正大出境，一去十四年，走了十萬八千里（只合老孫一個觔斗），才帶佛經回大唐號。

貞觀只得二十三年，唐三藏回到大唐號，李世民墓木已拱，書上的貞觀十三年應是己亥豬年，而不是己巳，作者何以如此布局，令人費解。無論如何，唐三藏的 mission 是"西天取經"，行程是孫悟空一個觔斗的十萬八千里，唐三藏估計三年可以回來，但行了十四年，對大唐號的目標是勸人為善，副產品是三藏師徒四人"得成正果"。

唐三藏和三個徒弟名為師徒，實為 JV 夥伴，唐三藏位列董事長，確保 mission 不變，方向正確；孫悟空是 CEO，一路掃除障礙，確保效率；豬八戒是公關部長，作為團隊對內對外的潤滑劑；沙和尚是後勤部長，負責行李到埗，無怨無尤。

孫悟空、豬八戒、沙和尚都是知識工作者（knowledge worker），各有本領，孫悟空雖然能力高強，但不善水戰，每次遇水，都是豬八戒和沙和尚出馬；孫悟空耐性不足，沙和尚卻是耐力十足，所以三個徒弟是有互補功能。

唐三藏雖然相貌堂堂，有董事長的格局，但實際執行的本領卻欠奉，要收伏這三位知識工作者，只靠觀世音的精神號召和緊箍咒。先收伏孫悟空，再由孫悟空去管理豬八戒和沙和尚，但唐三藏是一位取經經理人還是領袖？待考。

3 遊戲規則因人改

《西遊記》中大唐天下是在南贍部洲這塊極端腐敗的土地上，而時間居然是古稱治世的貞觀之治的第十三年。在作者筆下，唐太宗李世民壽元已盡，進入地府，幸得地府判官大筆一添 "一十三" 變了 "三十三"，長了二十年命，可見當時不論天上地下，"遊戲規則" 都可以因人而異，因人而改。歷史上的李世民，死於貞觀二十三年，但作者既要西遊時間是十四年，而回來是拯救唐太宗，所以唐太宗要添壽；至於歷史上，唐三藏是在貞觀元年偷渡出境，花了十八年往返，真的等到頸都長。

西遊團隊這個 JV，是天上玉皇大帝和地下大唐天子的組合。大家的目標有異，天上的目標是"弘揚佛法"，地下的目標是"渡亡者超升，渡人超苦，修無量壽身"。何以要亡者超升？因為大唐開國以來，連年征戰，"六十四處煙塵，七十二處草寇，眾位王子，各處頭目"的冤魂，都是枉死，不得超生，唐太宗終身受"玄武門之變"的心理影響，不得安寧，既想江山永固，又想長生不老，但兩者都是空想。所以唐三藏肯去西天，對唐太宗來說是喜出望外，立刻要籠絡，要與唐三藏結為兄弟。（可不要忘記，唐太宗是如何對待兄弟的！）

這個 JV 的雙重目標，最後只達成天上的目標，佛法在唐朝是興旺的，但唐太宗並未能長生不老，反而早逝；至於大唐天下，亡於武則天的大周，也只是唐太宗死後四十年的事。西遊 JV 和現代的 JV 一般，只能達到較強的一方的目標，而無法雙贏，也是例證。

4 志業事業有別

貞觀十九年，唐玄奘自印度歸來，歷經十八年多，已是四十七歲的中年人，而比玄奘大一歲的李世民，亦已是四十八歲。就在玄奘回歸的一個月後，當年二月，唐太宗親統大軍自洛陽東征高麗。玄奘既有十八年的西征經驗，還是單人匹馬，面對各種險境而得安然無恙，唐太宗一見到玄奘，就覺得他“堪公輔之寄”，可以為國家效力。但有政治質素的玄奘婉言謝絕，唐太宗退而思其次，要他隨大軍東征，但玄奘再次婉拒。

玄奘的志業是當上“聖僧”，維護大乘佛法在唐朝的利益，如果當上隨軍軍師，那只是又一番新“事業”，與志業相去甚遠。已花了十八年，如何可以改弦易轍？所以最佳藉口，是去弘福寺譯經，而非任侍中或者中書令等職位。

唐太宗的東征之行，攻至遼東城而止，班師回朝，重蹈隋煬帝三征高麗的覆轍。唐太宗並未檢討隋煬帝勞師遠征的缺失，自以為人強馬壯，比隋煬帝大軍要強，不知隋煬帝管治雖欠佳，但亦是一個軍事天才；所以唐太宗也是三征不順，四十九歲後，更是病痛連連，要服金石之藥治病。金石是方士的藥方，看來與唐玄奘的大乘佛法無關，大乘佛法並未治好唐太宗的“心病”。

唐太宗晚年失去魏徵這位諫臣，又未能令唐玄奘取而代之，征遼東是盲目樂觀，並未有危機預警。而長於感覺危機的唐玄奘，亦不願成行，是否有先見之明，還是不願惹禍上身？唐太宗征高麗是至死方悟，遺志要很多年後才達成，是敗筆。

5 用盡心機總未休

《讀水滸·論領袖》中，筆者錄下不少《水滸傳》的文字，名之為金句，其中更有施耐庵為宋江、魯智深等人一生行狀的偈語。魯智深的幾句明白易解；宋江的幾句則隱晦難明，可隨意附會，總之是點明機遇，但沒有時間。領袖們若不能把握，或會錯意，得到的結果，往往相反。

古來的 CEO，大都相信看相風水，英明神武如漢武帝、唐太宗亦不能免。漢武帝臨終前二年，才明白了信方士之誤；唐太宗更食長生藥而死，至於其他昏君則更不用說了。

三國中的吳代末帝孫皓，更是篤信算命、看相、讖諱、風水，甚至民謠，孫皓本無接任的機會，只因顧命大臣轉軚，要扶成熟之主而不扶幼主，結果孫皓應了算命所說的他日"當大貴"之說，從此深信不疑。因為有讖諱寫"黃蓋紫旗見於東南"，於是乎在寒風中率領其母及後宮數千人走向東南方，死了許多軍士。於是有軍士說，一遇敵人，立即倒戈投降，可見迷信也可以摧毀部下士氣。

《三國演義》中更有孫皓問取天下之事，術士說得吉兆："庚子歲，青蓋當入洛陽。"結果庚子年，正是吳亡國，孫皓以降人入洛陽，也算應驗。

時至今日，台灣選舉多多，政客們亦無不要求神問卜，各大廟的籤自然火紅，連製金茶壺、銀茶壺者，亦無不利市，用金壺飲茶飲酒，有勝算，可見心態之虛。2006 年大甲鎮瀾宮照例有籤可求，其中一句頗有玩味："用盡心機總

讀西遊·論危機管理

未休"，心機用盡，《紅樓夢》是如何說的，有台灣業務者
小心。

6 唐太宗重入貴道

《西遊記》中的組織，億年老店天庭號理論上是主管
東南西北四洲的國家興亡治亂。西天號只是位處西牛賀洲的
大企業，而十殿閻王主管的地府號主持個人禍福，組織上是
歸天庭號玉帝所管。西天號要跨洲經營，送經到南贍部洲，
乃有與天庭號組統西遊 JV 的需要。此中唐三藏是如來的前
任弟子，是西天號中人，但其他三人都是被天庭號炒魷的人
士，人人由道入僧，可見人心背向。

天庭號對員工流動管理極有問題，對於地府號的管治，
更出人意料。且看唐太宗在貞觀十三年入地府，得前朝臣子
崔珏的假公濟私，增壽二十年（真正的唐太宗死於貞觀二十
三年），所以得以還魂再當 CEO。但十殿閻王要唐太宗到
陽間做一次"水陸大會"，水陸大會是西天號主張的法會，
超度水陸冤鬼。何以玉帝的屬下卻要人去行西天號的禮儀，
可見天庭號早已"無王管"。

唐太宗雖貴為 CEO，但在地府號的判決，只是入"貴
道"而已。地府號的六道，最高是"仙道"，賞行善；其次
"貴道"，賞盡忠；其三"福道"，賞行孝；其四"人道"，
賞公平；其五"富道"，賞積德；最劣"鬼道"，罰惡毒。

唐太宗被教訓後，也只是做了"死囚四百皆離獄，怨女三千放出宮"，出公文要市民"本分為人，隨緣節儉，心行慈善"，也只是官樣文章而已。大唐號只存十七代，要唐僧去西天取經，並未能使大唐號"江山永固"，只有行善的劉全夫婦，才有登仙之壽。

　　要當 CEO 又要行善，怕是世間第一難事，唐太宗能重入"貴道"十年，實屬夠運。

大明號朱元璋及子孫時代

1 平安歸來如再生

大宋號和大明號的兩位開業 CEO 都面對新開業而人才不足的問題，但兩人處理手法不同。宋太祖趙匡胤是推崇文治，要後代誓不殺士大夫，這個祖訓至宋末不改；明太祖朱元璋卻採取防範心態，並說"士大夫不為君用，是自外其教者，誅其身而籍其家。"即是不來上班則殺人兼誅幾族。

洪武十三年興丞相胡惟庸案，洪武十五年興空印案，洪武十八年興郭恒案，洪武二十三年興太師李善長案，洪武二十六年興藍玉案，文臣武將功臣皇子被株連殺戮的達十萬人。本來已經不是同心同德的前朝舊臣，如何有向心力？大明號百官上班，往往與家人訣別而行，就如赴刑場，每日平安歸來，就有再生之慨，家人就要開香檳慶祝。

所以到朱元璋死後，遺留給太孫惠文帝的得力好手就不多，朱棣能發動"靖難之變"，原因就是中央無人，既無良將，亦無軍師，如何能防守？但朱棣當上 CEO，亦殺惠文帝手下數萬人，大明號在開國三位 CEO 之世，可以有十五萬文臣武將可殺，人才如何不盡淨，到了後面幾位 CEO，不是庸才，就是好玩、偷懶，一直到萬曆一朝張居正十年工夫，才算是中興。但好景不長，張居正一死，立即打回原形。

《西遊記》作者吳承恩就是在這種環境中生活，大明號即是《西遊記》的南瞻部洲，道德淪喪，貪官污吏橫行，輕罪重罰，不珍惜人才，吳承恩想出西天取經一招，要一行四師徒，找出解決民生的方法，當時未有選票制也。

2　貪私腐騙拙

《西遊記》作者吳承恩生長在大明號的黑暗時代，既有權奸黨如嚴嵩、嚴世藩父子，又有太監黨如汪直、劉瑾、魏忠賢先後當權，CEO 們如正德是花花公子，好色好玩，嘉靖既苛又懶，隆慶無心管治，萬曆小孩治國；正是標準的上昏下黯，貪官泛濫的時代，"貪私腐騙拙"是基本運行方案。

當時小民們既無選 CEO 的權利，只能民不聊生。在吳承恩筆下，唐三藏西征途中所經各國，無不妖魔當道，皇帝昏庸懦弱，諸如車遲國的國王為虎力、鹿力、羊仙三妖控制，不能自已；烏雞國國王為妖道所殺，妖道化身為國王；比丘國國王為色所迷，將妖道奉為國師，為了補身，要取一千多個小孩的肝；滅法國國王為了報復被和尚所罵，要殺和尚一萬，簡直荒唐；朱紫國國王則是無膽之人，皇后被搶三年，也不敢哼半聲；寶象國的公主被黃袍怪佔了十三年，還可以變成美男子回來騙了全國君臣，陷害唐三藏！

若是沒有孫悟空這位反貪反腐的高手，把這些貪污腐敗、私心自用、騙詐大王及施政劣拙的妖魔們一一掃地出門，這些國度的居民們，也真的是苦不堪言。當然，孫悟空要有真功夫才能取勝，諸如車遲國和三妖鬥六場賭博，賭下雨、賭坐禪、賭猜枚、賭砍頭、賭剖腹、賭下油鍋，有勇有謀，表演功夫一流，才將白鹿、黃虎、羚羊的茅山大法全部破解。

車遲國 CEO，還未覺悟，仍在大哭，孫悟空不得不大罵其昏亂，但車遲國氣數未盡，所以還有兩年玩。

3 擅權枉法

《西遊記》明寫大唐號，暗寫作者吳承恩所生活的大明號時代，大明號除了開國頭兩代，昏君最多。至於創業的明太祖雖然不昏，但亦可稱暴，殺人無算，輕罪重罰，為了保住江山，可以殺盡功臣，兼且又有耐性。

明太祖手下那班猛將，勇有餘，智不足，只好俯首就擒。但朱元璋本身亦是不幸之人。古人以幼年喪母（十七歲）、中年喪妻（五十五歲）、老年喪子（六十五歲）為人生三大不幸，朱元璋都有齊。白頭人送黑頭人，送的是三十九歲的皇太子朱標。朱元璋自幼多病而可以活到七十一歲，而養尊處優的兒子們，長子朱標、二子朱棣、三子朱棡，全部死在朱元璋之前，所以才有四子朱棣"清君側"，取代了皇太孫朱允炆。

朱元璋到四十一歲平定天下，是一個超級勤力的董事長，沒有休息的概念，不論大權小權都要一把抓，所以成為首創董事長兼 CEO 制的人，這是連最抓權的漢武帝也不敢做。無他，誰敢保證接班人個個勤力兼有能力，可以兼任！

但朱元璋要取消丞相這個職位，也是有權謀的，本來"用人用其長，不用用其短"，是令手下知難而退的老方法。但要改革，取消一個職位，也要用一個不稱職的人。首先德高望重的開國丞相李善長不用，足智多謀的劉伯溫又被毒死，所以用了一個擅權和聲譽欠佳的胡惟庸，在當了董事長十三年後，以"擅權枉法"的罪名殺了胡惟庸，順手取消其職位。

連人帶職被廢止，並且立令後代不許再立 CEO，有人建議也要處以重刑，從此朱元璋獨攬大權，但後代大多偷懶，有權不用。奈何！

4 惡波士經

朱元璋用一個不適任的胡惟庸來過橋，殺人順手將 CEO 職位取消，而職能則由自己兼任，只能是權宜之計。因為無法保證後代能有自己的能力，所以大明號管治是由朱元璋自己種下敗亡的種子。

朱元璋的"教子經"是以"仁、明、斷、勤"四字訣，這四字訣的運用，還要決於一心，太子朱標學得辛苦，結果早死。其實這四字訣，朱元璋只能做到勤和斷，仁是絕對做不到，而明亦只是五五波，看事很多時一面倒，對文書亦是一知半解，常有會錯意而出事。在大明號的員工眼中，朱元璋這位兼任 CEO，亦和今日流行的 Chief evil officer 差不多，下屬每日上班要和親人訣別，每日回家能不死，要慶幸又活了一天。

朱元璋是位惡波士，是無疑問的，如何應付，即使是二十一世紀的中子彈傑克亦無更好的辦法。中子彈生來命好，要工作十四年後，在爭取 CEO 職位時才遇上惡波士，悟出來的道理和東方哲學亦有點接近。

首先要自省。吾日三省吾身，波士何以如此難頂，是否自己出問題，還是波士有問題？如果波士是平日向上拜，對客戶好，只是遇見自己才發惡，那問題不在波士，而在自己，因為波士只是因應對象而反應。所以是自己工作績效有問題，或是工作方式有問題，可改則改，不可改要自謀出路。但出路不一定是憤而辭職，而是要評估自己有多少議價能力。

孫悟空面對唐三藏這位惡波士，對人人都下拜，只對自己唸頭痛經，還要不斷唸，辭職不是辦法，如何解決？忍。

5 奮而能忍

孫悟空面對惡波士，很快就自動憤而辭職，但現實是無家可歸，只能去見老龍王，訴訴苦，很快就回歸。但很多人沒有這好運，辭職結果，是去了一家實力較差的公司，做同一樣工作，薪水打個六折，鬱鬱寡歡，自怨自艾是受害人，只能咒罵前波士。

孫悟空方式，是回來做得更好，寧願被唐三藏炒，因為被炒應有補償，辭職只是放棄權利，被炒後還可以向觀音訴苦，結果唐三藏一樣要收回成命，可見憤而辭職是下策。

奮而能忍，才是正路，首先工作要做好，態度要調整，若是波士不改其惡，那要評估波士何時要離職或是調職。在跨國企業，波士三五年一任，最多短期"無啖好食"，新官上任又是一番光景。

波士所以能夠發惡：一是能力高強，無他不得；二是朝中有人，是紅人的一分子；三是皇親國戚，動他不得；四是欺下瞞上，可以忍於一時，但上頭是否不知，當然不是。《西遊記》中，如來佛、觀世音和各位大仙，都是合指一算，就知手下奴才在凡間作惡，但偏偏平日就不去算，要到孫悟空下手無情才出面，不亦怪乎？

亦無甚可怪，企業高層看下屬主管：一要價值觀相同；二要工作業績一流，兩者俱佳，可以升仙。這種屬下大致上做到"仁、明、斷、勤"四字，若兩者俱劣，則任由孫悟空打死可也；若是價值觀好，而工作效績差，則罰下凡間，到時到候，救出生天。好言安慰諸如二十八宿下凡，最後亦不過去為太上老君澆火，保住不死之身。

6 縱無窮之誅

孫悟空是神通廣大而又與天庭號價值觀不相同的散仙，這是天庭號最頭痛的員工，反目是終有一日的結果。

當上孫悟空手下的人，只要能等和能忍，孫悟空自然會壓在五指山下五百年；能夠改投西天號，是孫悟空的"造化"。但要成為鬥戰勝佛，還要忍受唐三藏這位惡波士的氣，身經九九八十一劫，才能改頭換面，去了緊箍兒的約束。孫悟空本身亦要大大調整。

但唐三藏唸緊箍咒雖然狠，但總不致殺生。孫悟空也算命大，在大明號朱元璋時代，員工沒有不幹的自由，朱元璋法則是："率土之濱，莫非王臣，寰中士夫不為君用，是自外其教者，誅其身而沒其家，不為之過。"不幹就有被殺的危機，但幹了有大功，又成為被誅殺的對象。唔做又死，做得好更死，而朱元璋這類惡波士又喜歡"以區區小過，縱無窮之誅"。"稍有觸犯，刀鋸隨之"，這已不是屬下的問題，而是波士的問題。

朱元璋生性古怪，無中生有，牽強附會，故意找麻煩，當屬下者只能"忍"和"等"，等上天收之。God has its strange way。在美國確有等到波士心臟病發的例子。日日發惡，其實是練七傷拳，自傷其身而不自知而已！

還好是朱元璋式惡波士，恒古少有，今日遇惡波士，只須評估自己有無議價能力，捨不捨得份工，不可意氣用事。拂袖而去，是儒家烈士所為，商道所不取，有人說為中了彈傑克作親信，是特殊材料所合成的，亦只不過為了高薪厚職和波士終需要下台而已。

7 仁明勤斷

惡波士並不是人人可做，也不是處處有，遇上了是小不幸。因為人生七大不幸福因素中，只有失業，而無遇上惡波士一回事。正如曾國藩遇上年輕的惡波士，只說人生掣肘，無日無之，只視人生修煉的過程。

惡波士無非"聲大夾惡，無理取鬧，爭功諉過，並不友善"等等表象。在朱元璋所標榜的"仁、明、勤、斷"四大CEO要素中，失於仁和明兩點而已，這兩點是連朱元璋在創業後也是做不到的。

能"仁"才不暴，能"明"才能不惑，但CEO天性如此，要改也改不了。朱元璋的太子朱標似乎學到了，但卻不壽，所以世事無得講。《西遊記》師徒中，唐三藏亦只對孫悟空夠惡，而孫悟空本身亦是惡人，所以"惡人自有惡人磨"。孫悟空當CEO，對豬八戒也是惡的，經常叫他"呆子"，出言不善，對豬八戒信任度也不足。而豬八戒的對策不是辭職不幹，而是笑臉對之，有機會就進兩句讒言，總之要挑起唐三藏把火，大唸緊箍咒。孫悟空幾番頭疼，都是在作弄或阻止豬八戒得好處的後遺症。

惡波士之惡很多時是為了追求業績，或是維持企業明星的虛銜。因為一旦業績下滑，高層的容忍就會消失，所以儘管部門人才流失率高，對主要部屬也是攬頭攬頸，不會一視同仁。在不願主動離巢之下，相應方法，只是做好份內的工作，等遇時機，同時學習日後如何不犯惡波士的錯誤。

朱元璋大概做到"明勤斷"三字已可成開創之主，雖然有暴，一樣捱到七十一歲死而後已，仁只是部下的bonus。

8 運用無限權力的風險

朱元璋是權力迷，出盡辦法集天下大權於一身，不惜將 CEO 胡惟庸殺掉，將位置廢掉。雖然也曉得自己"猛治"只能及身而止，要培養一個"仁治"的接班人。

可惜天道不配合，太子朱標早死，其他兒子又不合意，於是一於用長子嫡孫的承傳法，但料不到四子會作反，大明號繼續由朱棣來猛治。但朱棣不愧有世界觀，派出鄭和艦隊，七下西洋，甚至全球化。二十一世紀的新發現，可讀《一四二一》的中文版。英文版的姓名令炎黃子孫一頭霧水，還是讀中文書較了解。

朱棣對朱元璋的祖訓，愛聽不聽，反其道而行之的不少，遷都北京就是其中之一。朱元璋設錦衣衛也不夠用，加設東廠，更見集大權於一身，但朱棣一死，子孫不肖，立刻放棄全球化主義，從此"片木不出海"。握大權的董事長兼CEO要有"仁明勤斷"四個基本要求，但朱棣這一系似乎全無勤的DNA。

《西遊記》作者吳承恩在大明號的1500至1582年的八十三年間，經歷了弘治、正德、嘉靖、隆慶和萬曆五個朝代，這五位職位擁有無限權力的董事長，據柏楊研究，全部不見政府官員，一切事務都由代言人宣布，變成正宗"冇王管"。代言人既有劉瑾、錢寧、馮保這些太監，也有嚴嵩、嚴世藩這類權臣，而文官系統則自行運作，這和朱元璋所設計的鐵桶江山，大有出入。連長子朱標一系也保不住。

最奇怪的事，朱元璋的子孫懶於管治，有大權而不用，反而亡不了，到了崇禎一朝，猛用權力，自毀長城，用了反而亡國，值得三思。

9 忠心耿耿的表演

吳承恩在成年後，剛巧生活在嘉靖皇帝的四十五年間。嘉靖是典型的無溝通式CEO，在死前二十七年間，只與部屬見過四次面，一切以memo溝通，其他時間用在追求"長生不老"的單方，玉皇大帝是其信奉對象。

而吳承恩在《西遊記》中的玉皇大帝卻恰巧是個"不識

賢＂的 CEO，在處理孫悟空的問題，屢犯錯誤，結果引致大鬧天宮。嘉靖亦是疑心病重的 CEO，經常懷疑手下大臣聯合起來和他作對，所以誰也不信，只信無黨無派的人。這位恰巧在位扮演 Lone Wolf 角色的人，正是嚴嵩。嚴嵩以＂忠心耿耿＂的演技而雄霸政壇二十年，亦是貪污大王，在倒台後，家產統計，金三萬多兩、銀二十六萬多兩、珍寶玉器無數，居然超過嘉靖的皇家珍藏。可見當董事長首席顧問，確是天下第一肥缺。嚴嵩不必有專業能力，亦不講究行政效率，更不必有職業道德，只要和董事長同一陣線，屬下愈反對愈得寵，這是由嚴嵩首創的典範。

朱元璋生前，一最恨貪官，二最怕太監作亂，甚至立下種種規例皇訓，但結果出了劉瑾，貪了一億五千萬兩，王振抄家抄出金銀六十餘庫，魏忠賢的贓款達七百萬錠。當然古時 CEO 知道沒有海外戶口這回事，只要一下殺手，贓款立歸庫房，亦是儲蓄之道。

當然到了清末行不通，大明號以錦衣衞、東廠西廠作為監察的工具，本來是內部控管的方法，一旦賦予無限權力，就成為殺人工具，談不上企業管治；崇禎最後連兵餉也發不出，還監察甚麼？

10 太監系統優劣

大明號朱元璋在管理上實行董事長制，廢了CEO，集大權於一身，立下了一大堆法例，並要子孫永遠遵守。

其他不說，單是"嫡長子承繼制"、"太監不得干預政事，犯者斬"、"一片木板都不准出海"三件事，無一件成功。在防止貪污上，更是一敗塗地。大明號成為歷史上最貪污的朝代，首先嫡長子制的朱標、朱允炆一系，由四子朱棣取代，到末代崇禎也不是長子。

太監系統在大明號更極度發展，單是組織上就有"十二監、四司、八局、十二雜房"等職位，太監人數高達十萬人，數字是空前的。正德年間的太監劉瑾有自己的太監小組織，號稱"八虎"，已經令人聞名色變；但發展到天啟年間的魏忠賢，由文官系統中人當充太監手下的外圍系統就有"五虎"、"五彪"、"十狗"、"十孩兒"、"四十孫"，甚至講究升級制，當到六部尚書才有資格當"五虎"，連錦衣衛的頭頭也只能當"五彪"而已。

魏忠賢沒有取大明號而代之，只因未取得軍權，沒有驕兵悍將的支持，到崇禎一上位，魏忠賢只能下台。

大明號最有貢獻的太監只有鄭和與他的西洋團隊（有關鄭和下西洋的新書《一四二一》，亦有繁體與簡體字版面世，好新知者亦有一讀的價值）。鄭和由三十二歲至六十歲的工作黃金時代，帶領二萬人下西洋，領導和組織能力加上外交能力，都是一等一好手。這二十八年經歷，和當年的造船科技，居然全部被宣德年間的守舊大臣毀了，大明科技倒退數百年！嗚呼。

11 邊緣化的無奈

唐玄奘在大唐號時代由長安出發西征，直入印度內陸，取回佛教真經；七百多年後，大明號時代，鄭和則由南京出發，由海路下西洋，抵達印度南海岸，是《西遊記》中南海觀音的居處。出身自回族家庭的鄭和，亦由信伊斯蘭教，改信佛教，所以稱為三寶太監。

大明號興起的頭五十年，亦是南京作為一個城市再度興起，而長安被"邊緣化"的年代，大元號定都北京，長安的重要性已停頓百年。朱元璋曾考慮定都長安，甚至派太子朱標去考察，但不幸考察歸來朱標病死，朱元璋六十五歲高齡，已無魄力遷都，南京得以成為帝都。

到朱棣奪位，考慮遷都時，卻以自己的地盤北京為大本營，北京乃成為大明號第一大都市，而南京成為第二大城市。長安"邊緣化"後，翻身甚難，而大唐號時最興旺的城市，揚州和益州，邊緣得更遠。至於在大元號時代，海運一時之盛的杭州、廣州、泉州、溫州，在朱元璋的"片木不准出海"政策下，當然亦邊緣化。甚至鄭和在朱棣主政期內，建船艦亦只在南京執行，而不是在南宋時代極盛的首都杭州。

中國的造船技術，在南宋時因西洋貿易而盛，到大元號而極盛，但到鄭和朱棣死後，打回原形，從此失傳而落後於西方。鄭和以世居內陸的雲南回族，居然可以在三十二歲改行當航海領導，有其超人之處。但由大元號留傳下來的航海人才庫，才是大功臣。大元號有漢人南人加入，中亞細亞航海術與中亞細亞回人有何關連，要多考究了。

12 漢人南人

大元號時代，人分四等，蒙古人和回回之下，將中國人分為漢人和南人，漢人是指大金號時代居住於北方的中國人，而南宋號內的中國人則是南人。

南宋岳飛的岳家軍雖然號稱無敵，作戰範圍，還未到河南開封，要打到大金號當時的大本營黃龍府，真真還有數千里路，那可是如今的吉林省；但是大金號自動遷都，愈遷愈南，由黃龍府到北京，由北京再遷開封，但遷開封二十年後，大金號就壽終正寢，比南宋號早亡了四十五年。

這段時間北方的漢人又換了主子，由女真人改為蒙古人，亦即是說，自開封以北的漢人，自南宋號宋高宗的1127年至大元號亡國的1368年的二百四十年間，過的都是異族殖民生涯，若向北推進到燕雲十六州（包括北京在內的河北地帶），更自後晉石敬瑭割地給大遼號開始。

那是936年，亦即在異族統治期，長達四百三十年。若將大清號滿族算進來，可以說在後晉開始至大清號滅亡的千年之間，北方漢人只有在大明號的二百七十六年間，是由漢人自己統治的時間。

而這段時間卻又是史家筆下的大黑暗時代，亦是出現《三國演義》、《水滸傳》和《西遊記》的年代。《三國演義》神化了忠義的諸葛亮和關羽；《水滸傳》寫梁山英雄滅了大遼而一人不損；《西遊記》則寫孫悟空力戰神魔妖怪，還要忍受昏師讒弟的牽制，終於得成正果。西征團隊在大唐註冊，孫悟空這位東勝神州花果山石猴，亦是異族替唐人打工。

團隊成功，無分異族與漢人，能力取勝而已。

13 免死鐵券無效

大漢號劉邦和大明號朱元璋是封建史上僅有兩位平民皇帝，劉邦在成功後大封功臣，以後勤COO的蕭何為首，是功人；其他大將只是功狗。

但功大無用，韓信被殺，張良引退，蕭何晚年只能憂讒畏譏，但求安樂死。劉邦雖然晚年妒功臣，但未算辣手。到了大明號朱元璋，照足老師傅劉邦，亦將無戰功但負責後勤的李善長列為功勞第一，封韓國公，並賜"免死鐵券"，"免本人兩死，兒子一死"。

當然"免死鐵券"向來都是神話，朱元璋在籠絡這位淮西集團領袖時，甚至將李善長長子李祺招為駙馬，但到了李善長七十六歲還是逃不過因"造反"而被誅全族。這個"造反"還不是真的"造反"，而是知胡惟庸要造反而"知情不報"。已是當國第一富貴的人，何以要去換老闆，當同一位置的官？這是很明顯的邏輯，可惜朱元璋不是劉邦，李善長也不如蕭何懂得"自污"之道。

蕭規還有曹隨，李善長的功業就一筆勾銷，不為人知了。朱元璋是《西遊記》中的玉皇大帝："輕罪重罰"。朱元璋要徹底摧毀追隨他創業的淮西集團，而李善長正是這集團的代表人，雖然早已老眼昏花，但不懂經常"引罪自責"和"無恩也謝"這兩招保身大法，也自然老來"橫死"。

朱元璋創業後，接收了大元號留下來的南人北人，要當全民 CEO 就不能只重南人。這時候蒙古人已北遷，回回已成少數，只要平衡到北方漢人，就好治了。創業後原來班底要如何自處，要看老闆性格。

創業憑衝刺，守業靠管治。

14 朝殺而暮犯

《西遊記》中，玉皇大帝因為沙僧打破琉璃盞和豬八戒醉戲嫦娥，而將二人罰下凡間，沙僧還要每日飛劍穿心，成為輕罪重罰的例子。

在大明號的開國 CEO 朱元璋亦是輕罪重罰的例子，開國之初的三十年，居然還是亂世，不得不用重刑。大明號朱元璋治下的四大案，胡惟庸案殺四萬五千人，藍玉案一萬五千人（還是大部分悍將），郭恆案死八萬人，空印案更不知多少萬人。

這四大案前兩案是危機處理，將有可能奪權的文臣武將去掉，是古式先發制人；後兩案是管治危機，打擊貪污，大明號是開國即有大貪污的朝代，完全沒有清明的氣象，為了打擊貪污，朱元璋設立後世聞之色變的錦衣衛，兒子朱棣則加設東廠。

朱元璋已是自秦始皇以來權力最大的 CEO，但處理得了功臣的威脅，但解決不了貪污的問題，在朱元璋年代已是"朝殺而暮犯"，只能不分輕重而照殺，但效果欠佳。在朱元璋死後，歷經建文、永樂、洪熙、宣德四朝，不過三十七年，進入明英宗，就出了王振這等大貪太監，就此進入衰落期。大明號能延續二百七十六年，真是大奇跡。《西遊記》中，如來佛認為大唐號所在的南贍部洲，是貪淫樂禍之地，要西遊 JV 去取經救亡。

事實上，西遊 JV 進入如來佛所在的西牛賀洲，正是妖魔盜賊橫行。八十一劫有九成在西方發生，孫悟空要大開殺戒除魔去盜，消除要吃唐僧肉的貪污之徒，反而是拯救了西方。

正是一個 JV，兩種用途，老孫完成了朱元璋的任務。

15 一日和尚一日鐘

企業僱員對僱主忠誠還是對工作忠誠，九十多歲的管理大師在《二十一世紀管理挑戰》，早有談論。

二十一世紀的員工對工作知識範圍和理解一般勝於上司，上司的作用很多時是溝通上下，做一個中間人而已，所以員工首先要對工作忠誠，要有 professionalism，"做一日和尚敲一日鐘"在二十一世紀不是貶辭，因為這個 IT 世紀的鐘，老闆不一定會敲，也大多數敲不好，而高階管理人一般不察"民情"，誰能勝任下級工作，不大了了，所以中層管理才有存在的價值。

漢武帝雄才大略，自己當了董事長，還要當 CEO，是個破壞制度的人，漢制中皇權和相權是一般的重，董事長有秘書處，有六尚，其中最有發展是尚書，其他尚衣、尚食者式微；宰相則有十三曹，而又以西曹、東曹歷久不衰，宰相是三公之一，而三公下有九卿，九卿論組織是向宰相報告，而漢武帝奪權，九卿直接向皇帝報告，宰相連中間人都有得做！

當然，九卿中大部分都是為皇家服務，讀過錢穆大師的《歷代政治得失》的人都知道，太常做祭祀，光祿勳是門房，太僕是司機，衞尉是衞兵頭頭，廷尉管司法，大鴻臚是禮賓司，宗正管皇家親屬，都是皇家私務，不由宰相管，也說得過去。但大司農管政府經濟，少府管皇家財政，漢武帝也要管，所以宰相變成可有可無。制度被破壞後，日後替手

無能，政務大壞，當了五十四年董事長兼 CEO 的漢武帝，到後期亦有心無力，只知求神拜佛，以求長生而已。

第四章

西遊 JV 團隊

- 唐三藏
- 孫悟空
- 豬八戒和沙僧

唐三藏

1 師徒性格各異

唐三藏在二十六歲出發上西天時，已經師從十三位高僧，在上路前已在學養、意志、體能和語言四方面充分準備，並非只會唸佛和唸緊箍咒，沒有徒弟便寸步難行。上西天"求法"，是海外進修，從事"博士後"的行為。但西征成功確是一個奇跡，所以創造出三個徒弟，亦是補唐三藏在各方面的不足。

唐三藏既是有"求全者"的性格，在行動上未免知易行難，所以要有孫悟空這位"強悍者"的輔助；但"求全得闕"的理論，唐三藏總嫌孫悟空行動快於思維，太過有效率，兩者衝突不可免。唐三藏自保之道就是唸緊箍咒，孫悟空只有屈從，求自由自在，又豈沒有代價？

反而豬八戒這位"公關高手"，到處留情，又愛煽風點火，但也唯有老豬這種愛說笑的人，才使西征途上不至太悶，難怪豬八戒屢次在選最可笑人物中名列前茅。

沙和尚卻又不同，豬八戒是外向型人物，沙和尚卻是"內向型"人物，一個沉默寡言，但卻是負責認真，堅守紀律的人。今日企業的 CEO 亦不少是沙和尚型，內向多於外向，是守成的 CEO 而不是開創型人物，對執行董事會通過的策略，忠實執行，不會有意外，但又不會有驚喜。

相對而言，孫悟空型人物，天馬行空，超額完成預算，卻又留下未知的後遺症；豬八戒型是 promise high deliver low 的典型，萬大事都先答應，手下如何完成卻好少理。只有唐三藏，凡事三思，不肯趕盡殺絕，成長要能持久，一步一腳印，最後交貨是完美，但時間長，西行本來三年，變了十四年。

2 四人同心

《西遊記》唐三藏四師徒是 JV 成功的好例子。首先是目標一致，大家都要用"求經"做手段，為的是得成正果。唐三藏"得成正果"是正常，其他三位由妖入佛，就要彼此合作了。

四師徒的性格可以分成兩派，孫悟空和豬八戒是外向型，孫悟空外向得來潑辣，一言不合，大打出手；豬八戒外向得來輕鬆活潑，易為人接受。

在《西遊記》中，四師徒的造型有別。但今日社會中，人人西裝革履，人力資源部都可以看錯。不同處就是能力不同，一個七十二變，一個三十六變；一個可以一觔斗十萬八千里，一個卻不成。

唐三藏和沙和尚又是另一對的內向型，唐三藏是思想型的 CEO，但求十全十美，不輕易出手；沙和尚則是"小心

型”人物，萬事循規蹈矩。唐三藏與人為善，沙和尚與世無爭，都是做好本分；但唐三藏力求完美，沙和尚但求交得準，兩人不細心觀察，也未必看得出來。

孫悟空和豬八戒是經常在一起的行動派，唐僧和沙和尚則經常是留守派，一攻一守。孫悟空是實用主義，打得就打，打不贏就去南海或天庭找幫手；唐三藏是理想主義，尚好有孫悟空執行，但仍經常嫌孫悟空手法粗糙，得饒人處不饒人，趕盡殺絕。豬八戒一貫的享樂主義，大家歡喜便好，後果是自己得益而 JV 未必有好處。沙和尚則是戒律主義，一切講自我紀律，人人和平共處，保護唐三藏實力仍嫌不足，沒有變化之故。

不過，四人同心，其利斷金，沙和尚能吃苦耐勞，這是老孫和老豬有所不及。

3 飢渴愚魯

炎黃子孫當學生時最不愛的是發問，不要說是大學生，連唸碩士班的也一般如是，原因無他，怕“出醜”；醜惡並用，“出醜”沒有甚了不起，“行惡”才得人驚。

最近蘋果電腦 CEO 對大學生一次演講，名為 Stay Hungry Stay Foolish，意思是說，對知識要保持飢渴，對發問要不恥下問，不必怕是多愚蠢的問題，世上沒有無知或是愚蠢的問題，只有答案很明顯的問題；但在不是自己知識領域內的知識，不懂就是不懂，沒有甚麼稀奇。

目前先進國家出現了比較多創新的人物，諸如蓋茨，諸如 Steve Jobs，都是唸大學都未唸完而大大發財的人。蓋茨是認為不必讀，Steve Jobs 卻是不願意拖累養父養母而不唸，但在唸大學的初段，因學了英文書法而對日後發明有極大幫助，更在發展生涯的途中，居然被炒魷，夠出醜了吧？但卻因此而再度發明，和有時間發展了自己的姻緣，萬事都有前因，只要"道心"堅定，向尋找知識進發。

唐三藏在上西天途之前，已卓然成家，是"小乘佛法"的專家，但一經觀世音點出，西天有"大乘佛法"，唐三藏當然是對佛法 stay hungry 的人，所以不必等待，立刻出發西行。至於"大乘佛法"有多深奧，是否容易取得，如何"超亡者升天"、"渡難人脫苦"、"修無量壽身"、"解百冤之結"、"消無妄之災"，都不在考慮之列。唐三藏不怕"程途十萬八千里"，不得真經，死也不回國，就是 stay foolish 的代表作。立志要堅，有時也不得不愚也。

4 執行與非執行

作為一個經理人，唐三藏昏庸獨斷，兩度貶走孫悟空，使西行 JV 沒有了 CEO，當然事事不順。在沒有人可用之下，只有晉升豬八戒，但豬八戒只是機會主義型，搞公關不錯，論到做事，還不如沙和尚。但唐三藏只知排班論輩，所以只能做階下囚。唐三藏雖然沒有當經理人的實力，卻是一個禪心堅定，只知西行的領袖，憑人格的魅力和一往向前的勇氣，令孫悟空只有乖乖回歸。

論西行 JV 四人的實力，比較上唐三藏實力最弱。但面對九九八十一劫，卻比其他三人更具勇氣，這是當領袖的重大條件。知難而退，不在唐三藏的字典中，所以唐三藏這類人，只能當 non executive（非執行董事長），只顧大方向，給予屬下精神感召，而不能參與制定策略和實際執行。

相反，孫悟空一定要當個 hand on 的經理人，每次授權給豬八戒執行，必定影響行程的進度，但孫悟空在西行中往往力不從心，甚至力有不逮，不如大鬧天宮時的神勇。

孫悟空在當妖時，心無顧忌，所有天兵天將，都打到落花流水，要勞煩如來佛親自出馬收服；唯到了西行之際，到處遇到對手。單是結拜兄弟牛魔王一家三口──牛魔王有七十二變，鐵扇公主有鐵扇，紅孩兒有三昧真火──都令到孫悟空要把工作外判；不 out source 給"南海號"顧問公司無以完成。此外，如太上老君的兩個看爐童子，金角大王和銀角大王，對孫悟空都是大大考驗。

5 解脫和保護

《西遊記》中四師徒之間既非知己朋友，更是素不相識，組成上西天的 JV，策劃人是南海號觀世音。唐三藏成為團隊中領袖，與前世是如來佛的二徒金蟬子，關係莫大，若無前緣，怎會被看中？

師徒四人的相同處是四個人都是犯了錯，貶下凡間，金蟬子"不聽說法，輕慢大教"，真靈貶歸東土，學了小乘佛法，不能悟道，只有上西天取經才能得成正果。孫悟空大鬧天宮，壓在五指山下，要唐僧相救才得出困，一路煉魔降怪，還要隱惡揚善；對能力不足的夥伴，百忍成金，收心養性成功，亦得成正果。豬八戒在蟠桃會上犯了色戒，下凡又頑心色心未盡，只因挑擔有功，居然也成正果。沙和尚只因在蟠桃會上打破琉璃盞，就貶落流沙河，加入上西天 JV，只因登山牽馬之功，就封為金身羅漢。

師徒四人，唐三藏不必有執行力，只要心志堅定，就成為旃檀功德佛；孫悟空出力最多，受盡冤屈折磨，總算也成鬥戰勝佛；豬八戒不能成佛，只成為淨壇使者，心有不甘，但在淨壇及最有受用的品級，以老豬的好飲好食，也算報酬合理；沙和尚本來犯的是小事，罪小罰大，最後當上羅漢，成了正果就算。

所以 JV 一事，最重要是目標一致，誰的功勞貢獻大，不能爭也不必爭，一爭就散，上西天團隊的成功，在於彼此互相扶持。

三位徒弟，借唐僧門路修功，靠師父而"解脫"；唐僧則靠徒弟們保護，脫了凡胎，得成正果，至於彼此間是否知己，成不成朋友，無所謂。

6 改變最難

從西遊 JV 四師徒的關係，看領導四部曲，要員工
"認可、信任、追隨和改變"，是否成功，要看唐僧有何表
現。

毫無疑問，南海號觀世音看中唐僧，一是看中他前生是
如來佛的徒弟金蟬子，已有十世修行，所犯過失是小事，不
影響他的領導力；二是在大唐號封唐僧為御弟，只有他一人
能被大唐號和西天號兩大 CEO 所接受。觀世音的手法不是
先組成三人員工隊伍，再由唐僧當天降部隊，而是一位一位
收伏，兼且由強至弱。

孫悟空雖然是一身本領，兼是自由主義者，受不得半分
氣，但弱點是已在五指山下五百年，要超生，非得接受唐僧
不能脫身，同時亦因緊箍兒這個遊戲規則，不得不認可唐僧
這個除了上西天的意志堅定，其他一無是處的人當老闆。以
老孫之智，當知道唐僧的背景，要靠他才能升仙，不信任不
可，不追隨不得，亦要改變自己的行事方式，來配合唐僧上
西天。

今日企業，如正在大事改革、要求員工改變的日本企
業，來了個外國和尚當 CEO，要日本員工認可，要有信心
和交心，就看大計對不對路。這是一家由工程師組成的中年
企業，一向是以工程人員的方式行事，各自為政，保持獨立
性，既不必橫向溝通，也毋須直向溝通，$E=MC^2$ 的能量定
律來看：M 這個金錢不太多，要加薪難，C 這個溝通二次

方，若能增加當然是好事，但這需要工程師概念改變，若是前三部不能達到，改變難矣哉。唐僧要努力。

7 凡人缺點

《西遊記》中的唐僧曾經十世修行，前世是如來佛的弟子，今世是研究"小乘佛法"的學者，又得大唐號李世民結為御弟，當上西遊 JV 的領導，是理所當然。但比起三個法力高強的徒弟，唐僧只是個凡人，肉眼凡胎，甚麼都看不見，本來凡事最後一個被告知，不被報告，一切都蒙在鼓裏，是一個標準的非執行董事長的模樣。

孫悟空當上 CEO，本來就可以自把自為，把問題全部解決，也不必報告，肯定省事得多。問題是現世的唐僧，有着一切凡人的缺點，"貪生怕死，自私狹隘，目光淺窄，耳仔軟，易信讒言，更易受蒙蔽，過分善良，甚至偽善"，要是不告訴他，易生怨言。孫悟空當這種 CEO，只有另立目標，在十萬八千里的西征途中，一於以打殺妖魔為目的，以此自娛。但孫悟空限於西征"遊戲規則"，不能隨便殺死滿天神佛的"關係人"，每次打到最後，這些"關係人"都物歸原主，不能打殺。所以孫悟空不再像當齊天大聖時的神勇，反而經常被擊敗。這些妖物，豈非更容易鬧天宮？

還好西征團隊尚有豬八戒這類人物，被視為呆子，經常出事，但也總安然渡過，豬八戒是最佳鬥嘴對象，但反攻也

是不弱，豬八戒總是利用唐僧的弱點，借咒害人，令唐僧唸咒而孫悟空無啖好食。

沙僧是四人中的好好先生，是眾人關係的魯仲連，沒有沙僧，四人團隊已散了好幾次，沙僧亦是孫悟空的忠實信徒，寧信老孫，不信師傅，唐僧的強勁背景，並未令其董事長做得好。

8 管人之難

從美式管理中"贏的哲學"來看《西遊記》團隊，也是恰當的，首先要有最佳陣容，唐僧方向堅定，孫悟空執行力一流，豬八戒插科打諢，沙和尚四平八穩，雖然團中有黨，互相制衡，但是算是逢關過關，遇劫化劫，南海號觀音大士的僱傭方案沒有白花心機。

在開發潛能和刺激士氣方面，卻以孫悟空被訓練得最出色，孫悟空是標準"贏的哲學"擁護者，敢話"必勝"，大鬧天宮是本色，但五百年修煉後，反而不是以蠻力取勝，而是利用各路資源，小心查探對方虛實，再從中決定取勝方案。其中最標準方案是和牛魔王、鐵扇公主、紅孩兒這一家三口的鬥智鬥力競賽，令這一個家族企業落敗，當然這三人都得成正果，亦是孫大聖顧念五百多年兄弟之情。

《西遊記》最大的誘因，自然是最後"得成正果"，而頒授這個正果的是如來佛，但在《西遊記》中的如來佛，並不好相與。唐僧前身的金蟬子，不過是聽經時瞌了一覺，就被罰下凡塵當了十八年孤兒，取經歷劫十四年，可見如來佛是西方理論X的追隨者。

　　美式管理最後殺手鐧是如何和員工分手，唐僧為了建立權威，經常唸緊箍咒來懲罰孫悟空，甚至連豬八戒在旁煽風點火也不自知，經常為豬八戒所利用。而唸咒之餘，更兩次趕孫悟空離隊，可是沒有孫悟空的西天團隊，寸步難行，要勞煩觀世音向唐僧發出警告，不能隨意炒孫大聖魷，否則西天事業難以成功，唐僧自始才收斂。師徒關係的緊張才告一段落。管人之難亦在此。

9　壽則多辱　神仙難免

　　現代科技令人類壽命延長，但長壽和快樂有沒有關連呢？恐怕沒有。壽則多辱，神仙也難免，何況是凡人？《西遊記》中的天庭神仙中，玉皇大帝有二億多年修為，但也要歷經一千七百五十劫；最高科技是吃蟠桃、吃人參果延年，人參果聞一聞，增三百六十歲，吃一個長壽四萬七千年，雖然一萬年才結三十個果子，也只是益了神仙。

　　《西遊記》中唐僧師徒四人，每人吃了一個人參果，其他三人不算，唐僧已可長壽四萬七千年，西遊要多久都無所謂了。孫悟空更離譜，吃了天上蟠桃，又吃了一爐太上老君的金丹，已是不死之身；可憐的是，被如來佛祖壓在五指山

下，一壓五百年，猴子猴孫法力不高，不來探監，還情有可原，孫悟空的結義六兄弟，甚麼牛魔王、蛟魔王、鵬魔王、獅魔王、獮猴王、猓魔王也沒有一個來探望，是甚麼老友和兄弟？日後孫悟空西征，遇到牛魔王，也不見得有何舊日情分。

天庭歲月無限，老友老伴的定義要重新訂定，因為已沒有所謂"老"。不死已不是快樂的根源，天上人情淡薄，凡事不能得罪玉帝，否則被打落凡間。沙僧還要七日一次，飛劍穿胸百餘次，只為打破一個琉璃盞而已；豬八戒也是醉酒調戲嫦娥，亦被貶下凡間，成為豬頭人身。

壽則多辱，只因時間太多，可以犯錯，遇上輕"罪"重罰的主子如玉帝就要重新修煉，多年道行一朝喪和晚節不保是差不多一回事，做神仙也要提心吊膽，如何活得快樂？此法要修。

10 四不一沒有

觀世音接了西遊JV團隊組成的工作，親身到大唐號招聘玄奘法師加入團隊，以大乘佛法為吸引，只懂小乘佛法的玄奘自動獻身，但西天遠在十萬八千里外，路上多虎豹妖魔，只怕有去無回。

觀世音為了壯西遊的信心，帶來了一件異寶袈裟、一枝錫杖，給玄奘隨身。有何好處，"四不一沒有"："四不"是不入沉淪，不墮地獄，不遭惡毒之難，不遇虎狼之災；一個沒有是"沒有資金"的問題。

但"四不一沒有"有個前提，要"閑時折疊，遇聖才穿"。何以故，袈裟上有如意珠、摩尼珠、辟塵珠、定風珠，紅瑪瑙、紫珊瑚、夜明珠、舍利子，果然是件寶物，即使千層包裹亦透虹霓，穿上後則"驚動諸天神鬼怕"。如此異寶，唐僧只要穿上，一步一腳印也可到西天，但偏偏閑時不准穿，只要沙僧日日當行李抬；孫悟空遇怪又要飛來飛去求定風丹，其實唐僧就有；而唐僧要歷經九九八十一劫，經常被擒，有被蒸熟當菜的危機。可見"四不"只是得個講字，不能深究。

而"沒有資金"的問題，更妙，西遊只准化緣取齋，不准受人施捨金錢。但唐僧經常飢餓，孫悟空只有到數千里外去化齋，而不是在途中取，還好唐僧食量不大，只有豬八戒是一吃五斗米，其他三人只吃一碗飯差不多。為了要孫悟空去化齋，亦不知製造了多少次危機，得不償失。

大唐號西遊求經，沒有資本，只送了唐僧一個紫金鉢，作了換真經的代價。二十一世紀的台灣亦有"四不一沒有"，也只是一場虛幻，作不了真，只有真經才真。

11 提防順口言

年輕時讀箴言，讀到"調養怒中氣，提防順口言，留心忙裏錯，愛惜有時錢。"其中三句都好解，獨是為何要"提防順口言"，一直不以為意。自求自己不要"順口開河"就好，要提防甚麼？但讀到《西遊記》才別有體會，最要提防的居然是唐僧的順口言。

唐僧表面上是聖僧，是小乘佛法的高手，但小乘佛法追求的是"自我解脫"，堅持"苦集滅道"四締，放諸二十一世紀，當然也不簡單，要理解也不易，要做到更難。即使在大唐號時代，唐僧的話亦可見一字千金，不可不提防。

悟空亦是如此，在五指山下五百年，但求脫身，觀世音前來招聘西遊，當然萬大先答應。但要當唐僧徒弟，桀傲難馴的悟空心有不甘，所以很快就和唐僧鬧翻。觀世音和唐僧就合計要孫悟空"戴帽子"，孫悟空好猴不吃回頭草，在包袱中看見棉布直裰和嵌金花帽，就問是不是東土帶來，這時唐僧就出順口言："是我小時穿戴的，這帽子若戴了，不用教經，就會唸經；這衣服若穿了，不用演禮，就會行禮。"孫悟空是個講究效率者，有此方便，自然不加思考，就穿戴了，從此不得不一生當徒弟。

這句順口言，自然是誑言謊言，但出自唐僧之口，令人不加提防。另一句順口言，是唐僧向唐太宗說的，唐太宗問："幾時可回？"唐僧順口回奏："只消三年，可取經回國。"但花了七、八年，才到五萬四千里外的通天河陳家莊，唐太宗只有望穿秋水。

所謂"欽限"，在順口言中，也只是說說而已，任何協議，要白紙黑字。必要！

孫悟空

1 誰是好員工

孫悟空是不是一個好員工？那要看僱主是誰。孫悟空有當CEO的條件，追求業績心強，意志堅強，應變力強，能七十二變，執行力高，能使金剛棒，一勣斗十萬八千里，是強悍能幹型的CEO，要去開山劈石，當開荒牛，應是好人選。

第一份工在花果山當CEO，只是優游自在，不算考驗；第二份工，到了天庭號，當上弼馬溫，是不入流的小官，以高才能而任下位，心理不能調適，變成"麻煩製造者"。但玉皇大帝為人誤導，對孫悟空了解不足，下錯任命，再調任看果園，結果監守自盜。

孫悟空的職業道德不足，但天庭號沒有工作規範和責任，亦是咎由自取；再給予虛名齊天大聖，有名無實，孫悟空大鬧天宮，是天庭號逐步逼成，大機構常有此現象！

換了《西遊記》唐僧其他兩位徒弟，都不會出事。結果天庭無人能制服孫悟空，要勞煩如來佛由西天出遊到天庭號，一座五指山，壓住老孫五百年，磨煉老孫的耐性。

"孫悟空型"的人缺乏耐性，甚麼都要一下到位，當手下無啖好食，日日加班。但老闆太醒，多晚熬夜，不如老孫

讀西遊·論危機管理

122

三招兩式。老孫聆聽力不足，既聽不到唐僧這位 CEO 之言，亦無視老豬和沙和尚的存在，唯一願聽的是觀世音之言。南海號既以推薦人力資源的管理顧問（executive coaching）為本業，排難解紛，救災救難是一定的；孫悟空既是觀世音推薦，"首馬"（headhorse）自不然要幫忙。既解決難題，亦要平息唐三藏和孫悟空的失和，觀世音菩薩確法力無邊。

2 JV 金箍圈

在天庭號的眼中，孫悟空不是個好員工。愈神通廣大，殺傷力愈大；遇到這種員工，在官僚已極的天庭號，只能請外來的和尚唸經，往西天請佛祖，把孫悟空打入五指山腳，大家樂得耳根清淨。成本不必計，反正出事的費用更高。

孫悟空被壓了五百年，只能另投明主。由觀世音介紹，和唐三藏成立 JV。Joint Venture，見文生義是共同冒險之旅，當然是危難重重。孫悟空神通廣大，一個觔斗已可到西天。但這不算，取經要"腳踏實地"，一步步走來，五萬里路一點不能少。交通工具只有一匹馬，和渡河的船，不能搭飛機，還要經歷心魔的九九八十一劫，一劫不能少，這才算是 mission completed。

唐三藏性格深沉，追求卓越，不肯走捷徑，凡事高標準，得饒人處且饒人。但要十全十美，難免不夠進取，凡事考慮得多，就變成慢條斯理，優柔寡斷；和孫悟空的急於求成，一切要講效率，但求解決不問手法，唐三藏和孫悟空的性格衝突，實際是火星撞月球。

本來孫悟空的執行力，比唐三藏強得太多，是沒得比，所以只有孫悟空戴上金箍圈，代表 JV 的行為規則。但這套規則只是有罰無獎，孫悟空為了追求不壓在山下的自由而轉工，只有接受，簽了死約，不能違約。因為若違約，除了頭痛外，還要打回原型，再壓在山下，失去自由，這是孫悟空守約的最大誘因。

今天神通廣大的企業明星，亦是為了獎金和認股權，乖乖工作，否則 CEO 如何控制得了。

3 JV 關係表面化

西遊 JV 要歷經九九八十一劫，當然不是一帆風順。這個團隊本身，亦是瓜葛重重，其中磨心是本領高強的孫悟空。

孫悟空本來是個講義氣的人，但又受不得半點屈氣，拜唐三藏為師是一個"解脫合約"。合約精神是保護唐三藏上西天，但觀世音卻留了一手，令孫悟空帶上"緊箍兒"，從此猴兒不自由。孫悟空不能違約，因為觀世音是傳緊箍咒的人，殺了唐三藏也沒有用。所以唐三藏對孫悟空是有戒心，

認為這是隨時可以離職、沒有緊箍咒就降不了的職工。

唐三藏對二徒弟豬八戒偏心，言聽計從，是很明顯的。唐三藏和孫悟空的磨合，一直到底也未解決。

孫悟空和兩個師弟間的關係，一方面是看不起，一方面是嫉妒。以孫悟空當年大鬧天宮，天兵天將之無能，心中有數。老豬只是天蓬元帥，沙和尚是捲簾大將，職位是比弼馬溫高，但能力相去太遠，這種微妙的關係，大家亦只是忍而不發。

不過，事態往後發展，老孫自把自為，孫悟空和其他三人的關係不睦，無人化解。觀世音這位獵頭者並未跟進。到了為打死兩個草寇而弄得關係不可收拾，孫悟空被炒，繼而出現六耳彌猴這位假悟空，唐僧被打，包袱被搶，甚至JV亦出現西貝貨，假悟空帶假團隊上西天，連觀世音也無法分辨真假悟空，又要如來佛出馬！

何以日日在一起多年的團隊中人，都無法認出孫悟空真假？可見JV的夥伴關係：只是一日和尚撞一日鐘，並未有人去互相了解，所以一衝即散。

4 全女班西遊

《西遊記》是一本不錯的辦公室政治書，可惜師徒四人全是男角，和現代社會稍有脫節，若是全女班出征，是否會更有效果，值得想像一下。唐僧若是俊俏佳人，而老孫、老豬及沙僧等變了母夜叉，途中境況相對難度可能更甚。

唐僧有感情用事，敏感小氣，在意細節這普遍的缺點；孫悟空則變得更有效率，勤力和不會無的放矢；豬八戒變得更嫉，更看不慣孫悟空的自由主義；沙僧相對更多言，憑女性的敏感，更能看出孫悟空的死穴何在。這個西征團隊的溝通如何？孫悟空看得更遠，但更不會解釋自己的行為，看到老豬練精偷懶，不會寬容，棒打師妹只會更甚；唐僧是否變得更"婆媽"，還是索性多唸幾遍"緊箍咒"？

"全男班"要講些兄弟義氣，雖然有衝突，但總會"相逢一笑泯恩仇"，變了"全女班"，西征之行更輸不起。但作為少數團隊，永遠在互相拯救和相互競爭間掙扎。一個美女容不了另一個美女的存在，《西遊記》中幸好只有一位，但美女能容一位能力高強的醜女作手下嗎？如來佛也弄不清楚。唐僧兩次炒老孫魷魚，這個頻率也許會增加，老孫好猴吃回頭草，相信亦要大勞觀世音唇舌。

老孫看不慣兩個師弟工作量不高，也許會多分配其他工作，而不會獨力支持，對西遊應有多點好處，唐僧在西遊一向對老孫緊而對老豬鬆，這個局面應有所平衡，一視同仁，日後在功勞簿也不致只有唐僧、老孫成佛。

5 磨合之難

《西遊記》四師徒的背景各有不同，唐僧是西天號如來佛的前弟子金蟬子，只因犯了不留心的錯，罰至大唐號當和尚；豬八戒是天庭號的天蓬元帥，只因犯了色戒，罰下大唐號，成為豬族，但已有天仙身分，是"Ex 天庭號"人馬；沙和尚亦是前天庭號人馬，是玉帝的捲簾大將，只因打破琉璃盞而打下凡間，成為妖怪。

獨是孫悟空是在建制之外的高手，既沒有 MBA 銜頭，亦沒有成仙背景，所以南海號觀音在組成西遊 JV 團隊最頭痛。是如何令孫悟空乖乖就範，名義上，西遊 JV 是大唐號唐太宗屬下登記的子公司，而實際上是西天號和天庭號的前員工，加上一位 freelance 的孫悟空。這位做慣 freelance 懶做官的人馬，雖然在五指山下壓了五百年，但仍是自由主義者，一身本領，卻受不了閑氣。所以南海號只有出術，令孫悟空戴上緊箍兒，接受了西天號的"遊戲規則"，只要一違規，就頭痛欲裂。還好孫悟空當上西征 CEO，勇於任事，逢魔打魔，遇妖劈妖，對工作還是充滿興趣，否則如滿身毛病的豬八戒，早已辭職不幹了。

在西遊 JV 中，基本上分成兩派，當董事長的唐僧和老豬是一派，孫悟空和沙和尚是另一派，這兩個組合目標雖然一致，手段卻有不同。孫悟空要求高效率、高速度、少溝通、少說明，先斬後奏。但唐僧則要求少傷亡，不論賢愚，不分黑白，所以在磨合上十分有問題。因此觀世音估計三年成事，結果弄了十四年，可見團隊磨合之難。

6 悟空關係學

對於沒有建制中名牌學位的孫悟空，處理西遊JV的夥伴，大概走不出自卑和自大兩種狀態，因此影響團隊的效率。

身為團隊的CEO，孫悟空要切實處理各方stakeholders的關係。對尚未成佛的孫悟空來說，滿天神佛是顧客關係，接受了取經協議，就自然要交貨，顧客不能得罪，所以關係既是矛盾，但又互相存活。有事要求救，不能再自把自為，否則緊箍咒一出，頭痛極了。

孫悟空在齊天大聖時代，無人可擋，只有如來佛出招才敗下陣來，但自從加入西遊JV，連吃敗仗，對手不過是滿天神佛的坐騎、家奴或寵物，但全都打不死。到打敗了他們，滿天神佛又出來包庇，孫悟空被綁手綁腳，只因有了"遊戲規則"。

西天號和天庭號都已是老大機構，CEO們已遠離羣眾，相當昏庸，孫悟空只能求有功，但求無過。若然不忠於西天號的唐僧，例必出緊箍咒，哀哉！

面對唐僧，既是老闆，又是師傅，也是夥伴，甚至是學生和廢物，角色複雜。面對豬八戒，是JV夥伴關係，是師弟，亦是對頭人，如何使用敵黨人馬，令對方全力奉獻，是

對孫悟空的一大考驗。至於沙和尚，亦是 JV 夥伴和師弟，但卻是自己人，互相交心，沙和尚崇拜這位師兄，全力襄助，是團隊裏最佳臂膀。

至於南海號觀世音，既是"獵頭族"的推薦人，亦是排難解紛的中間人，是和唐僧關係的調解人，西遊八十一劫，沒有觀世音護航，大概過不了關。當然，觀世音既是"獵頭族"，義不容辭。

7 全天候高壓力

《西遊記》中的孫悟空打的是一份甚麼工呢？基本上是"全天候"，師傅一肚餓就要去化緣，遇到妖精就要打，妖怪不會讓你有休息時間；再來是"超技術"，沒有七十二變，金睛火眼，打不好這份工，還要應付"好心而無能"的老闆和經常挑撥是非的老闆愛將老豬，少些技巧都唔掂；三是"高壓力"，九九八十一劫，劫劫不同花樣，老孫事事要出頭，得閒還要應付那"緊箍咒"，四人團隊只有沙僧還可信任；四是"重責任"，一直要護唐僧到西天雷音寺，取得真經還要送到東土，才算大功告成，十四年時間去完成一份工作，責任豈不大？一般來說，此種工作可以賺大錢，名利雙收。

不過，可惜西天 JV 只是家族式企業，有名無利。老孫最後只得一個"鬥戰勝佛"的虛銜，比任職前的"齊天大聖"

第四章　西遊 JV 團隊

129

好不了多少，但總比在經營不良的天庭號工作好得多。做神仙也被制度所困，做那份工作憎那份工作者大有"仙"在。此類工作者，"睡得差"、"飲得多"（不是品紅而是灌酒精），鬧得盡、怨得兇。若是人家升職自己"無得升"，簡直罵到一佛出世，二佛升天，在家中另一口，永無寧日。

所以老孫無甚選擇，只有在西天取經號繼續工作，寧作一個辛勞而開心的員工，好過回天庭當弼馬溫或者是桃園園長。雖然唐僧對老孫是嚴父，對老豬是慈父，兩副嘴臉，但哪個企業不是如此？以天才而事庸主，在家族企業中是常事，不然返家當家長，也要家人體諒，否則只是製造家庭糾紛，於事無補，老孫只能屢食回頭草。

8 招安悟空

《水滸傳》中，宋江等一百零八好漢是北宋"招安"對象，北宋號大功告成，合併成功。《西遊記》中，孫悟空亦是招安對象，孫悟空是初生之犢，大鬧龍王府，再大鬧地府，論修煉沒有多少年，對天庭號組織亦毫不了解。

且看天庭號的 CEO 玉帝有多少年的修為。根據如來佛所言，玉帝歷經一千七百五十劫，每劫有十二萬九千六百年，合算二億二千多年；孫悟空如何長年不老，吃多少人參果，也拍馬追不上。只是天庭號已是老大組織，多少人才在累積，已到了天神下凡為魔。

唐僧四師徒的十萬八千里中，八十一劫、七十二路妖魔，多少是天庭下來？天庭號已組織廢弛，理不了這許多。孫悟空學藝雖精，已有MBA的程度，但只能管理花果山這種小組合，單身入天庭號，對大企業組織毫不理解，亦無資訊來源，當一個弼馬溫，就心滿意足。努力養馬，正如往日的 title chase，以副總級 VP 為幻想，卻不知道 VP 內裏也可以有十九級，級級工作範圍不同、授權有異。千辛萬勞，午夜不眠，日後才知道由 VP 到資深副總裁，可以花其一生，這是海外僱員的悲劇。所以今日是有薪酬花紅便好，其他勿論。

　　今日的 MBA 實際點。孫悟空因弼馬溫稱號而一怒反出天庭，並未大鬧天宮，因為還存幻想，只要能給"齊天大聖"這個虛銜便好，錢銀反而無用。孫悟空要的已不是長生不老，一個人參果只增壽四萬七千年，還是名銜有吸引力。所以管理孫悟空也是好辦的，虛銜便好，壓在五指山下五百年，只算是停職考察而已。

9 以貌取人

　　西遊人物，若是以貌取人，只有唐僧最見得人；但唐僧是"異性絕緣體"，無論各路狐狸精、異國皇后、天香國色，一樣無興趣。若在上班族而言，大傷異性自尊心，以為吸引力全無。這類人物，同時又是頑固得很，凡事看得不透徹，但“道心”極穩，一味要業績，不知手下疾苦。

孫悟空舉重若輕，要豬八戒去做，便是連“化齋”也幹不成。唐僧多次被擒，自己不信邪的次數不少，但總是不肯聽孫悟空的“老人言”，對某位手下有偏見，亦是唐僧型人物的特點。

若以相貌而論，孫悟空是其貌最不揚，而能力又偏高的人物，當高層要有慧眼識人才成，且看《西遊記》中，對孫悟空的描述：“骨攛過臉，磕額頭，塌鼻子，凹頡腮，毛眼毛睛，癆病鬼，不知高低，尖着個嘴。”加上身體“瘦瘦小小”，要降魔還不夠人家“填牙齒縫”。今日行政人員如此去見工，包保過不了人事部第一關，所以如今有整容才去見工的流行手法。

孫悟空如何過關，首先要自我推銷。詩曰：“縛怪擒魔稱第一，移星換斗鬼見愁。”至於體型就説：“我小自小，但結實”是“吃了磨刀水的，秀氣在內”。當然若是吹牛無用，要在適當時機，露一手，為老闆解決一些其他行政人員無法處理的問題，才能令班主刮目相看。

世上伯樂不多，好馬也要盡情表演，才令不識馬之人，都知是好馬，那麼“自我推銷術”才叫上乘，否則馬多伯樂少，何時才可出頭？孫悟空也要大鬧天宮，才被觀音看中，五百年後得起用，信乎。

10 業務外判

孫悟空大鬧天宮，似乎是無人能敵，十萬天兵天將都無可奈何，但五百年後西征途中，九九八十一劫，沒有幾劫是能夠輕鬆過關。原因是五百年間，市場上出現了幾許好漢；二是當年許多新高科技產品尚未使用，孫悟空已被如來佛壓在五指山下，所以孫悟空單人匹馬，不能解決西征的劫難，而要不斷 out source。

觀音這位"人事招聘顧問"也就是 problem solver 之一。不過，觀音本身也是管理部下有問題的主管之一，西征途中八十一劫有兩劫來自觀音手下，一是蓮花池中的金魚，居然下凡變成吃童男童女的妖魔；二是座騎金毛犼，居然可以開小差，去了朱紫國，強佔朱紫國金聖娘娘，號稱賽太歲。這金毛犼手下三千金鈴，能"放火、放煙、放沙"，孫悟空不能力敵，只能用"以假易真"的手法，才能戰勝。至此，觀音才現身，收回金毛犼和金鈴，觀音何不早些出現。

另外還有牛魔王一家三口。牛魔王還可力敵，鐵扇公主的扇，孫悟空就無法破，要 out source，及至最年輕的紅孩兒，也就在三百年間，在火燄山，修煉成"三昧真火"，效力有如今日天然氣，一發不可收拾，連 out source 海龍王亦失敗，又要靠觀音用蓮花刀和金箍圈五個，也收了紅孩兒當善財童子。紅孩兒這一關怕也是觀音製造危機，何不早早替西遊團隊解脫？

由此可見"獵頭族"也有私心，要孫悟空歷盡幾番劫波，又有新業務，由"人事處理"到業務外判，全部通通中獎。

11 建制內單打獨鬥

《西遊記》中的孫悟空基本上可以分為花果山時代和西遊時代，表現各有不同。

花果山時代是 non manageable，西遊時代則是 manageable。若論孫悟空的質素，在初期須菩提祖師的訓練，早已是有卓越才能，如膽識一流、勇謀兼備、法力高強、知識淵博，在 integrity 上，亦是有正義感和責任心重。

當然，孫悟空出生於弱肉強食的環境，拚搏心特強，斬草除根、除惡務盡，在處理事情上可以留下頗多後遺症；加上是自由主義的信徒，EGO 又特別大，自卑感亦不小，所以才造成大鬧天宮的場面，落得在五指山坐牢五百年的結果。面壁思過又無親無友無同僚，深切了解到團隊網絡的重要性。

花果山時代悟空是單打獨鬥，西遊時代的悟空已是體制的一部分。西遊 JV 是天庭號和大唐號的合夥項目，孫悟空是項目的 CEO，戴上了緊箍兒，隨時受到制度、法規、紀律、規範等等的無形束縛。孫悟空亦充分了解到"大神好惹，小鬼難纏"的原則，天庭號中關係網重重，西遊九九八十一劫的妖魔，不是上天"關係人士"偷下凡塵，就是上天

派來試探。

　　孫悟空作為項目經理，再不能一味靠打，而是要請示、求助、求例外，在重重監督和種種管轄中脫身出來。孫悟空的鬥志不如花果山時代是可以斷言，單是唐僧這位"不幹事"董事長，已是反激勵士氣的大師；至於天庭號中的大仙們，大都是妖魔的主子，一到危殆，立即現身護短，孫悟空自知無裁決權，只能一一放過。確保西遊平安也。

豬八戒和沙僧

1 人性弱點

西遊JV既是"全天候"的壓力工作,孫悟空有自處之道,豬八戒又如何呢?豬八戒在JV的責任,首先是出賣勞力,擔包袱,沙僧則是看馬和保護唐僧;豬八戒次要的工作,則是協助孫悟空防守妖魔。豬八戒有着所有人性的弱點,好食懶飛、開小差、偷睡,那是閑事。

豬八戒最識詐傻扮懵,在四人JV中號稱"呆子",所以亦是開心果。在這個漫長之旅,十四年走十萬八千里,在孫悟空不是甚久,在五指山下一壓就是五百年,吃的是鐵丸銅汁,根本已練到吃不吃也無相干;相反唐僧這位凡人師傅,經常肚餓,要老孫千里外化緣,老豬只要去一次就開小差,唐僧要有好齋飯,離不開大徒弟,但偏偏愛聽豬八戒的閑話。所以每次豬八戒和孫悟空有了糾紛,豬八戒例必告耳邊狀,唐僧亦例必中計,大唸緊箍咒。其實,唐僧和豬八戒都是凡人之心,容易融洽。

唐僧要懲戒這位本領高強的徒弟之心長在,只是要找藉口。豬八戒在此提供最佳服務,豬八戒雖名為悟能,能力卻不怎麼樣,當孫悟空的副手,係威係勢,但一旦老孫被趕走,真是連化緣也化不了,遑論和妖怪火併。但對敗軍之妖，老豬先是一耙打死，那是絕不容情的。

豬八戒的難能可貴處，是歷經多劫，雖然面對美女，動了凡心，但始終並未破戒。受了懲罰，仍然可以完成大業，做到淨壇使者，雖未成佛，但也回復散仙身分。從難度來看，當老豬比當唐僧還難。

2 豬型人物

《西遊記》團隊在現代人眼中，尤其在同事中，誰最能得人接受？香港沒有調查報告，但在內地，長勝軍是豬八戒，理由不易理解。

號稱"呆子"的豬八戒，是IQ不高，但EQ高的人。且看老師傅唐僧，熟讀公司典章規條，但食古不化，只是"小乘"功力，死守規條。雖然不好色愛貨，一臉正直，卻是可親的人。平日又好聽閑言閑話，遇事不明的時日居多。當同事只能敬而遠之，當老闆則慘矣哉，只能謹守不溝通，所以沒有溝通的問題。凡事依規只會 say no。

老孫又如何？IQ奇高，能力一流，但盛氣凌人，一言不合，揮棒相向，棒下無情。所以當老孫的部門對手，例無好過。但老孫是解決外敵的好手，沒有他不成，只能忍忍忍，忍到出血，也只能如此，要喜歡老孫，也是難矣哉。

沙僧又如何？沉默寡言，對規章不一定滿意，但守之無妨，不會應變；和同事關係是淡如水，只對孫悟空型人忠心不二，所以亦不會成為受歡迎人物。

豬八戒這"呆子"是戇直人士，口中好貨好色，事實卻未曾破戒，否則成不了淨壇使者。豬八戒亦是生活的開心果，有小聰明，但常撞板，道歉最快；豬型人物雖不俊朗，但比老孫的猴型和沙僧的死板型，看慣了也就不覺其醜。所以老豬在調查中，不但為男性歡迎，亦受女性歡迎，所以當公關部門，最為適宜。

至於老豬缺點，是凡人所公有，見怪不怪，其怪自敗。

3 人有善願　天必從之

西遊JV的四師徒加上一匹馬，都是帶"罪"立功之輩。唐三藏是如來佛堂上瞌眼瞓，孫悟空是大鬧天宮要奪玉帝之位，沙和尚是打破琉璃盞，豬八戒則是調戲女仙嫦娥，被打了二千錘，貶下凡間。

豬八戒還要投錯豬胎，成為怪物，要吃人渡日。由仙變妖，只是玉帝一念之間，所以隨意炒魷，可能作孽也不知。豬八戒運氣不錯，被觀世音獵頭獵中，憑的是"人有善願，天必從之"兩句話，東土取經之人還未找到，已選中豬八戒，要他往西天走一遭，將功折罪，除了"脫離災障"，還可以修成正果。

但天下沒有免費午餐，豬八戒要立刻持齋茹素，斷了五葷三厭，是戒了八種食物。佛家戒五葷，不是戒肉這般簡單，連大蒜、小蒜、洋蔥、蔥、薤都要戒；道家不食三厭，天上的雁，地下的狗，水中的烏魚，因為雁有夫婦之倫，狗有護主之誼，烏魚有忠敬之心。八戒由道入佛，但兩面都要戒。看來管理豬八戒，先要下立嚴格的規範，免得賴皮。

至於唐三藏的八戒定義則是："不殺生，不偷盜，不邪淫，不妄語，不飲酒，不坐高廣大牀，不着華鬘瓔珞，不習歌舞伎樂。"這八戒對老豬而言，是難矣哉，還好殺妖魔不算殺生。但老豬定力不足，四聖試禪心，西行第一關就過不了，女兒不嫁外母都要，雖然小懲大戒，還可以西行。但沿途不戒酒，只戒葷酒，也是自欺欺人，至於妄語，經常下讒言作弄孫悟空，全程不改。

可見條例多多無用，八戒也守不住，唐僧是護短之師。

4 沙僧保身之道

沙僧未得道前本是一身順境，"自小生來神氣壯"，"英雄天下顯威名"，學道無涯，周遊四海，最後得遇真人，踏上金光大道，上了天庭號，被玉帝封為捲簾大將。

"南天門裡我為尊"，官兒也不算少，今日看來是玉皇bady guard 兼 social secretary，算是一帆風順，"仙途"無礙。但豈料到玉帝有如朱元璋性格，只為打破了一個琉璃盞，最親近的保鏢，也要推上法場問斬。多虧赤腳大仙講情，才判貶到流沙河東岸，但除了光打八百大板，還要七日一次，用飛劍穿胸百餘下，此種酷刑，真是神仙都難頂。

沙僧在凡間吃人無數，算是罪上加罪，但仍被觀音相中，當上唐三藏的三徒弟。職業是保護唐三藏，看守馬匹和行李。沙僧由玉帝到唐僧的兩份工，性質差不多，都需要小心謹慎，盡力忠誠。最好是樸實厚道，不愛表現，不出風頭。

沙僧作為貼身保鏢，還要善體"神"意，但在天庭號未能揣摩到玉帝的易怒性格，所以中招。到了替唐僧服務，打足十二分精神，當然知道唐僧的剛愎自用兼耳仔軟，所以兩次唐僧要炒孫悟空魷魚，風頭火勢，說也無用，沙僧只能"既明且哲以保其身"。

沙僧還有一個特質，是有錯必認，不會駁嘴，不會死頂，因此有事要罰，也不會重罰。沙僧經玉帝一劫，不得不謙退，不得不中庸，這是遇上玉帝、唐僧式的波士的自保之道。因此沙僧數次保護唐僧而保失，但亦無人怪責，沙僧在西行中災難算最少，亦是與性格有關。

5　戀家之情

《西遊記》的四人團隊，基本上當了十四年的外派人員（expat），在選擇人手時，要考慮到事業與家庭的平衡（work family balance）。以二十世紀比較非人性化的 expat

生涯，尤以日本和台灣的外派人員，大多是單身上路，把家庭留在本土。單身上路自然有其後遺症，處理不好，事業與家庭會同時失去。

唐僧是孤兒，當上了和尚，無家室之累，不會因思家而影響西行的決心和信心；唐太宗臨行贈言唐僧無忘故鄉之土，怕唐僧一去移民不返，但預期三年的行程，一去十四年，音訊全無，連唐太宗信心也要動搖。沒有現代科技的西行團隊也夠慘，其實，孫悟空一個觔斗就可以回唐朝報訊，為何不做？作者思之未及。

孫悟空則是一個壓在五指山下五百年的妖仙，財色之念早已空，孫悟空只有花果山內的猴子猴孫，五百年早已傳了多少代，孫悟空這祖爺爺亦了無牽掛，可以去西行而無礙。今日選新進 expat，以單身為最理想，成本亦較輕也。

豬八戒反而是個問題，臨行前豬八戒已是高家莊女婿，有了妻室，西行只怕"一時間有些差池兒，欲不是和尚誤了做，老婆誤了娶，兩下裏都耽擱了。"豬八戒開始時是"道心不堅"，戀家心重，連唐僧這位 mentor 也忍無可忍，要豬八戒回家去也。可見西遊確是"生死不明，前途未卜"之旅，不宜戀家之人去做，所以選人不可不慎。

豬八戒雖有着"平衡"問題，西行難度極高，結果還是做到了，不可不讚。

6 快樂指數福祿壽

用 GDP 來衡量世界各地的快樂程度，不是一個正確的方法，所以聯合國早已改用 GDH（Gross Domestic Happiness）來衡量。

其中一個方法是用 HDI（Human Development Index），這個快樂發展指數包括三個元素，一是高齡之壽（life span），二是飽學之福（education attainment），三是整理之祿（adjusted real income）。這個福祿壽觀念以福的元素最不足，但其他比較難數字化，但諸如家庭之福（離婚率低）仍然是有數字的。且看 2004 年以這個福祿壽方程式算出來的十大，依次是挪威、瑞典、澳洲、加拿大、荷蘭、比利時、冰島、美國、日本和愛爾蘭，其中亦只有澳洲和加拿大是華人熱門移民之地，這也算是移民的 side benefits 吧。

但有利亦有弊，快樂指數是高了，但比利時是世界離婚率最高之地，達百分之七十五，而澳洲和日本則是近年員工工作滿意度最低的三地之二（另一是台灣）；日本則是離婚率在十年內由百分之四升至百分之三十，其中更有退休離婚現象，七成由女方發動，日本妻子爭取第二春，如此才得快樂，日本工蟻們，慘矣哉！

《西遊記》中沒有太大家室問題，但豬八戒當和尚也是決心不足。豬八戒臨行，還要向高家莊老丈唱喏道："丈人啊，你還好生看待我渾家，只怕我們取不成經時，好來還

俗，照舊與你做女婿過活。"西遊取經，壽是有了，得吃草
還丹，祿是放棄了，求經還算是飽學大乘佛法之福。若以
HDI 計算，恐怕還是不高。家室之福是一般人所追求，但獨
身者卻漸多。

7 當家才知柴米貴

《西遊記》四人 JV 中，性格各異，唐僧具人性，孫
悟空具神性，沙僧是人神混合體，而豬八戒更是性格多元
性，兼具人神獸性，亦因此而兼具人性和獸性的弱點，唯其
如此，要完成西遊的重要任務是難度極高的一回事，所以得
成正果，封為淨壇使者，勉強是勉強，亦難能可貴。

西遊十萬八千里，為時十四年，比唸兩年的 MBA 或
EMBA 課程要艱苦得多，在任何做 project 的過程，少不免
有西遊四個師徒的角色出現。唐三藏膽小怕事、孫悟空死做
爛做、沙僧中間和稀泥，唯有豬八戒在艱苦環境中，保持着
健康的樂觀心態，嬉皮笑臉，到處拉關係。

當然豬八戒有臨陣退縮的毛病，但在孫悟空監管之下，
貢獻也不算少。

但豬八戒型人士，只打有把握的仗，隨時準備散水（撤
退），保命第一。到了必勝之仗，例必勇猛無匹，所以西遊
中的妖魔弱者和副手，都由老豬出手，如蠍子精、牛魔王二
奶、杏仙和各種夥伴，都是由老豬建功，但連無頭的蛇精也

要搶功，則可見老豬性格。豬八戒在西遊過程中，還有一個做 dirty work 的功能，孫悟空這些幹大事的人，不屑去清理污穢的事，所以劌棘林，去千年沉積的柿堆，都由豬八戒大顯神功，沒有功也有勞。豬八戒能自嘲，也不怕被嘲，甚至被欺侮亦無所謂。

但豬八戒雖然愚直，卻又自尊心重，要管理豬八戒亦不能如老孫的過分，要他知道當領頭羊之苦，當家才知柴米貴。老豬當過兩天頭頭，日後也乖了。

8 五大劣根

豬八戒前身為山中樵夫，是社會基層人士，刻苦是基本質素，IQ 不高也是正常。但豬八戒運氣不俗，遇到真人，立地拜師，居然也是"行滿飛升"，是第一次登仙。上的是天庭號，被封為天蓬元帥，管的是天河兵馬。

但天庭號 CEO 是玉帝，輕罪重罰是管理守則，豬八戒只是酒後失控，調戲嫦娥。天庭號神仙鬧戀愛，也是常事，合籍雙修，也不是新聞，但玉帝一怒，就要重罰下凡間。

到了福陵山雲棧洞，成了豬頭人身之妖。後來當了高家莊的女婿，給南海號觀世音獵入西遊。豬八戒棄道入佛，成了佛門弟子，加入西遊 JV。在當神不長，當妖不短之下，精神修為自不足，正合孫悟空的評價："造化不高"。所以只能當上 JV 三徒的老二，而實質地位只是老三，尚在捲簾大將沙和尚之下。

　　正是精神修為不足，人性獸性尚存，私心、貪婪、愚蠢、好色、固執，這五大劣根性固然去不了。而好搬是非，嫉妒成性，心志不堅，好食懶做，也要慢慢磨煉。豬八戒天生食量大，比孫悟空唐三藏要大幾十倍，孫悟空去化齋其實絕大部分是替豬八戒搵食，唐僧常常喊餓，其實也是為了這位次徒，但大肚漢做勞力工作，逢山開路，遇礦鏟平，也是缺他不得。

　　但豬八戒只是COO材料，可以有寬宏的食量，也可以有寬闊的胸襟，但欠缺自律的修為，所以五大劣根性，只有固執稍為可去，其他四點，多多少少留存。在孫悟空監督下，勉強成功，但一缺乏監察，立刻變形。

9　一味憨直用途大

　　豬八戒"自小生來心性拙"，兼且"貪閑愛懶無休歇"，當然是IQ不高輩，但無礙遇上明師，為了得道，一樣可以"工夫晝夜無時輟"。可見IQ雖好，並不保證甚麼，證諸今日美國，克林頓IQ182和小布殊IQ91，一樣做了大首領，所以各有各玩。

　　《西遊記》中的孫悟空，IQ極高，法術一學就會，甚至沒有犯色戒，但也是災難重重。遇老闆遇上個"輕罪重罰"和"不識賢"的玉皇大帝，遇老師遇上一個凡僧，只知拚命唸"緊箍咒"的唐三藏。在西征途上，可說是災難重重。

IQ解決不了問題，反而是豬八戒憑着"一味憨直"，被唐三藏視為"憨厚老實"，犯了大錯，也可以原諒。豬八戒EQ高，但也識扮憨，平日也要捱得"義氣"，才能過關。

且看"四聖試禪心"中，豬八戒要 hard sell 自己做女婿，說唐僧人才雖俊，其實不中用。在當時農業社會，豬八戒是"雖然人物醜，勤緊有些功"，所以有"千頃地"人家，不用耕牛，只消豬八戒的"一頓鈀"，就可以"佈種及時生，房舍若嫌矮，建上二三層"，加上掃地通溝，"家長里短諸般事，踢天弄井我皆能"，豬八戒是不中看卻中用。甚至為了一男娶三女，豬八戒甚至向外母自炫"學得個熬戰之法，管情一個個服侍得她歡喜"。

豬八戒被試出定力不足，"淫心紊亂，色膽縱橫"，但也不過是罰縛了一晚。唐三藏輕輕一句："料他以後不敢了"，豬八戒也就脫難了，比起孫悟空經常要被咒而頭疼，可見IQ只能幫助學習而救不了就業，還是EQ好。

附錄

- 西遊人物金句
- 《西遊記》全書回目

西遊人物金句

如來佛

- 經不可輕傳，亦不可以空取。　　　　　　　　　　98 回
- 喜汝隱惡揚善，在途中煉魔降怪有功，全終全始，
  加升大職正果，汝為鬥戰勝佛。——語孫悟空　　100 回

觀世音

- 一路上魔障未清，必得他保護才得到靈山見佛
  取經，再休嗔怪。——訓唐僧　　　　　　　　　58 回

唐三藏

- 心生，種種魔生，心滅，種種魔滅。　　　　　　11 回
- 離家三里遠，別是一鄉風。　　　　　　　　　　15 回
- 人身難得、中土難生、正法難遇，全此三者，
  幸莫大焉。　　　　　　　　　　　　　　　　　64 回
- 遇方便時行方便，得饒人處且饒人，持心怎似
  存心好，爭氣何如忍氣高。　　　　　　　　　　81 回
- 恩將恩報人間少，反把恩慈變作仇，下水救人
  終有失，三思行事卻無憂。　　　　　　　　　　97 回
- 真人不露相，露相不真人。　　　　　　　　　　99 回

孫悟空

- 舉手不留情，留情不舉手。　　　　　　　　　　21 回
- 若將容易得，便作等閒看。　　　　　　　　　　22 回

《西遊記》全書回目

註：以上回目參考香港商務印書館出版的袖珍本《西遊記》。

後記

　　筆者這一輩的人，小時候自讀《西遊記》，中年時陪兒女看《西遊記》電視劇，看《西遊記》卡通，算是親子關係的一頁。到兒女長大，再看《西遊記》，又是一番光景，這次是由危機管理的角度來讀，乃有《讀西遊·論危機管理》一書的結集。

　　《西遊記》中最有能力從事危機管理的無疑是孫悟空。但孫悟空亦有天生好名的缺點，沒有西征團隊的合作精神，孫悟空再多化身，也未必能達成任務。孫悟空沒有十世修行，能力再強也當不上唐僧。因為如來佛只承認金蟬子這個前世徒弟，所以假悟空這隻六耳彌猴，要自創西征團隊，也是無功而返。

　　唐僧才是危機管理的主角，這與歷史上的大唐和尚陳玄奘吻合。陳玄奘的個性決定了西征的成功。筆者撰寫本書期間，到過新西蘭一處，見到紀念航海員的紀念碑，石上刻着"忍耐、固執和永不言敗的勇氣"，是達成任務的主要因素。這些質素大概亦出現在面對各種危機的扶危救急人員身上。

　　《西遊記》中的唐三藏和豬八戒，身上出現了各種人性的弱點，面對危機，可以視而不見。雖是視而不見，但已知

道是危機，亦可以反反覆覆，決定不了。不要說是唐三藏，就算是《三國演義》中的吳大帝孫權，曹操大軍已兵臨城下，形勢不能說不逼切，但若沒有諸葛亮和周瑜兩人，實其心，解其慮，堅其意，寧其神，赤壁之戰也就打不起來；三國鼎立，也就成泡影了。

面對任何危機，都要有陳玄奘的性格；今日年青人思考自己的前途，就要有西征的精神，面對大漠和大海，都是一般兇險，沒有忍耐、固執和永不言敗的精神，就沒有在市場上競爭的能力。

筆者的《讀三國》和《讀水滸》，正巧讀出司馬懿的忍耐和宋江的忍讓，最後都成為領袖人物。而《西遊記》中的唐三藏，有名言曰："爭氣如何忍氣高"，孫悟空反而是不能忍氣之人，遇事"舉手不留情"，但遇到的任務卻是難度高，孫悟空雖然"遣泰山輕如芥子"，但他要協助的唐三僧只是凡夫一名，所以"攜凡夫難脫紅塵"，要一步一腳印，走足十萬八千里。

讀《西遊記》最大反諷，是如來佛要拯救南瞻部州，認為當地民風最差。但結果西征團隊所遇到的劫難，卻是大部分發生在如來佛在位的西方土地。八十一劫中所見的"天將思凡、神獸逃逸、妖仙擋路、大炒家奴、迷魂色劫"，都是西土事件居多，這種 event risk（事件風險），都是不外乎天庭上和西方樂土內的大人物管理鬆懈所致，連觀世音菩薩也管控不了座下神獸和池中金魚，觀世音救不了災難，反而釋放出災難，如來佛也一樣，除了親戚大鵬金翅鵰為怪，造孽最深外，兩大弟子亦要索賄才送經。

此事西方淨土也不可免，何況在規律不嚴的南瞻部州和東方土壤上！賄賂的DNA的力量令人感嘆。岳飛當年嘆曰："文官不愛財，武官不怕死，天下可治。"廿一世紀還得加上，"貴夫人不愛名牌，身邊人不收匯款"才成。《西遊記》時代，妖怪們每年扮如來佛騙些香酥油說罪大惡極，今日的金融系統便捷，查不勝查也。如來佛和各大仙可以事後合指一算，便知手下奴才犯了事，終歸也是護了短，要孫悟空"留情不舉手"。這事可見孫悟空也不是衝動之人。如來佛最後封孫空為鬥戰勝佛，原因之一是"喜汝隱惡揚善"。其實孫悟空不僅"煉魔降怪有功"，更兼放過大仙們的手下也。若是手下不留情，各大山頭神仙含恨在心，孫悟空做佛也不好過也，神仙界也如此奈何。

在重讀《西遊記》中，感受頗深是朱元璋這位大明皇帝，若以《狼圖騰》書作者的理論，朱元璋是元朝管理中原百年後培養出有"草原狼"性格的人，狼勁和狠勁只差一點，朱元璋殺勁之狠，孫悟空望塵莫及。《西遊記》中的玉皇大帝暗指朱元璋，是"輕罪重罰"的惡波士，如何躲過惡波士之劫，書中有分析，讀者不妨細讀。

大漢劉邦當上皇帝後，嘆曰："吾乃知今日為皇帝之貴。"但朱元璋並不以此為滿足，還要最大權力。當年不用修憲，只要借機廢除丞相的職任，滿足了一時的權力欲，卻令子孫苦不堪言，人人厭惡皇帝的職能，卻不放棄皇帝的享受。孫悟空在《西遊記》中説得最透徹，"做了皇帝，黃昏不睡，五鼓不眠，聽了邊報，心神不安，見有災荒，憂愁無奈"，這是有責任心的皇帝，廿一世紀當上企業 CEO，也當如是。因為沒有業績，便要下台，自有下台機制。所以當 CEO 如坐在火山口上，半夜來電話，必無好事，沒有下台機制，便有危機。

本書亦討論了 2006 年十大全球危機。今日回看油價金價仍是居高未下，但全球股市已出現了調整，何去何從亦要看事件風險有多少宗；至於恐怖事件方面，雖説阿基達巨頭已死，但事件不會因一人而止；格老下台了，來了新財長是財經巨子，但衍生工具之險仍是"隱而未發"，新的"神針"能否"定海"，有待觀察。

全球化的危機是引致貧富懸殊更兩極，環境保護欠周全，甚至社會道德鬆懈。《水滸傳》中的北宋皇朝，經濟不差，但正因上述原因而為大金所滅；《西遊記》中的大明皇朝，如果沒有張居正在萬曆的頭十年一番作為，做了孫悟空所做的事，大明號亦會提前結業。張居正要當孫悟空，但並未戴上孫悟空的緊箍兜，可以一意孤行，但最後禍遺子孫，這是西遊團隊最強的"無後之憂"。唐三藏説："恩將恩報人間少，反把恩慈變作仇。"要管得好危機，三思行事加上一個《易經》的謙卦，才見功。

商務印書館 📖 讀者回饋咭

　　請詳細填寫下列各項資料，傳真至2565 1113，以便寄上本館門市優惠券，憑券前往商務印書館本港各大門市購書，可獲折扣優惠。

所購本館出版之書籍：＿＿＿＿＿＿＿＿＿＿＿＿＿＿＿＿＿＿＿＿＿＿＿＿

購書地點：＿＿＿＿＿＿＿＿＿＿＿＿＿＿＿　姓名：＿＿＿＿＿＿＿＿＿＿＿

通訊地址：＿＿＿＿＿＿＿＿＿＿＿＿＿＿＿＿＿＿＿＿＿＿＿＿＿＿＿＿＿＿

電話：＿＿＿＿＿＿＿＿＿＿＿＿＿＿＿　傳真：＿＿＿＿＿＿＿＿＿＿＿＿＿

電郵：＿＿＿＿＿＿＿＿＿＿＿＿＿＿＿＿＿＿＿＿＿＿＿＿＿＿＿＿＿＿＿＿

您是否想透過電郵或傳真收到商務新書資訊？　1□是　2□否

性別：1□男　2□女

出生年份：＿＿＿＿年

學歷：1□小學或以下　2□中學　3□預科　4□大專　5□研究院

每月家庭總收入：1□HK$6,000以下　2□HK$6,000-9,999
　　　　　　　　3□HK$10,000-14,999　4□HK$15,000-24,999
　　　　　　　　5□HK$25,000-34,999　6□HK$35,000或以上

子女人數(只適用於有子女人士)　1□1-2個　2□3-4個　3□5個以上

子女年齡(可多於一個選擇)　1□12歲以下　2□12-17歲　3□18歲以上

職業：1□僱主　2□經理級　3□專業人士　4□白領　5□藍領　6□教師　7□學生
　　　8□主婦　9□其他

最多前往的書店：＿＿＿＿＿＿＿＿＿＿＿＿＿＿＿＿＿＿＿＿＿＿＿＿＿＿＿

每月往書店次數：1□1次或以下　2□2-4次　3□5-7次　4□8次或以上

每月購書量：1□1本或以下　2□2-4本　3□5-7本　2□8本或以上

每月購書消費：1□HK$50以下　2□HK$50-199　3□HK$200-499　4□HK$500-999
　　　　　　　5□HK$1,000或以上

您從哪裏得知本書：1□書店　2□報章或雜誌廣告　3□電台　4□電視　5□書評/書介
　　　　　　　　　6□親友介紹　7□商務文化網站　8□其他(請註明：＿＿＿＿＿＿＿)

您對本書內容的意見：＿＿＿＿＿＿＿＿＿＿＿＿＿＿＿＿＿＿＿＿＿＿＿＿＿

＿＿＿＿＿＿＿＿＿＿＿＿＿＿＿＿＿＿＿＿＿＿＿＿＿＿＿＿＿＿＿＿＿＿＿＿

您有否進行過網上購書？　1□有 2□否

您有否瀏覽過商務出版網(網址：http://www.commercialpress.com.hk)？1□有　2□否

您希望本公司能加強出版的書籍：1□辭書　2□外語書籍　3□文學/語言　4□歷史文化
　　　5□自然科學　6□社會科學　7□醫學衛生　8□財經書籍　9□管理書籍
　　　10□兒童書籍　11□流行書　12□其他(請註明：＿＿＿＿＿＿＿＿＿＿＿)

根據個人資料「私隱」條例，讀者有權查閱及更改其個人資料。讀者如須查閱或更改其個人資料，請來函本館，信封上請註明「讀者回饋咭-更改個人資料」

香港筲箕灣
耀興道3號
東滙廣場8樓
商務印書館 (香港) 有限公司
顧客服務部收